AF465027

La

cience Actuelle

Mène à Dieu

—

LES ANTI-CHRIST

PAR

Le Dr L. GOUX

Ancien Interne des Hôpitaux de Paris
Président honoraire de l'Association des médecins
du département du Lot-et-Garonne

PARIS
A. MALOINE, ÉDITEUR
25-27, rue de l'École-de-Médecine, 25-27
—
1908

BIBLIOTHÈQUE NATIONALE R.F. IMPRIMÉS

La Science Actuelle Mène à Dieu

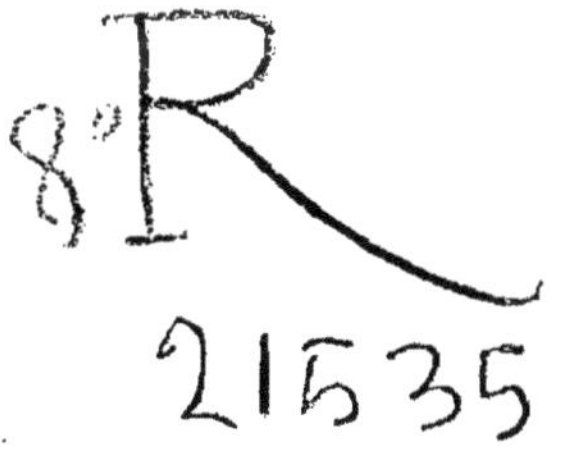
8° R 21535

Dépôt Légal
3703
1907

La Science Actuelle Mène à Dieu

—

LES ANTI-CHRIST

PAR

Le Dr L. GOUX

Ancien Interne des Hôpitaux de Paris
Président honoraire de l'Association des médecins
du département du Lot-et-Garonne

PARIS
A. MALOINE, ÉDITEUR
25-27, rue de l'École-de-Médecine, 25-27
—
1908

LIVRE I

LA SCIENCE ACTUELLE MÈNE A DIEU

R.F.

PREMIÈRE PARTIE

Notions scientifiques qui conduisent à l'unité de cause supra-naturelle

CHAPITRE PREMIER

Cause du Monde

Une seule substance

De quoi se compose le monde ? des astres et de la terre.

Leur composition est partout la même. C'est la même substance, les mêmes atomes en action par les mêmes forces.

Prouvez-le

On sait que toute lumière, en traversant un prisme, s'étale dans le spectre comme un arc-en-ciel. Or, si dans une flamme on introduit une espèce d'atome, celui qui fait la base du sel marin, par exemple le sodium, l'image, le spectre, de cette lumière va présenter deux raies jaunes très brillantes et très rapprochées. Si on avait introduit du strontium il y aurait eu des raies dans le rouge, dans l'orangé et une dans le bleu ; et ainsi pour chaque corps simple les raies occupent toujours une place déterminée. Il est donc évident que chaque fois qu'une lumière présentera un de ces assemblages de raies, on pourra affirmer que cette lumière révèle la présence d'une substance, d'un atome déterminé.

Or la lumière du soleil et de tous les astres présente au spectroscope des raies semblables à celles que fournissent les atomes de notre planète. Il est même arrivé que des raies présentées par la lumière du soleil, n'ayant pas d'analogue sur la terre, on s'est mis à soupçonner l'existence de quelque corps encore inconnu sur la terre. On a cherché et on a trouvé le nouvel atome, l'hélium, dont les raies sont celles indiquées par le soleil. Les aréolithes sont aussi composés d'atomes terrestres.

Partout les mêmes atomes.

Donc une seule substance.

Une seule force

Les forces qui agissent sur la matière sont : le mouvement-gravitation et pesanteur ; les réactions chimiques ; et le trio-électricité, lumière, calorique ; le son.

Toutes ces forces sont susceptibles de se transformer les unes dans les autres, sans perte ni gain apparent. Elles se résument donc en une seule cause à laquelle on a donné le nom d'énergie.

Prouvons que ces causes sont universelles.

Le mouvement des étoiles doubles prouve qu'elles sont sous la dépendance de la gravitation.

Les raies de l'hydrogène se montrent dans la lumière de la circonférence du soleil, ce qui indique que cette substance y est la plus légère, puisqu'elle est la moins attirée au centre du soleil. Or l'expérience montre que, sur la terre, c'est l'hydrogène qui a le poids le plus léger. Donc de part et d'autre mêmes phénomènes de pesanteur.

La lumière de tous les astres, ainsi que celle de notre soleil sensibilisent toutes également les plaques photographiques pour y dessiner leur image. Donc mêmes réactions chimiques, même agent lumineux. C'est ainsi qu'on a pu faire la photographie du ciel. La lumière est donc semblable dans tous les astres, elle présente d'ailleurs les mêmes nuances de couleur, les mêmes propriétés.

Enfin la chaleur du soleil a les mêmes propriétés que celle que nous produisons artificiellement et la lumière de cet astre est accompagnée d'électricité.

Donc l'action de l'énergie s'étend sur tout l'univers.

Or toutes ces forces agissent partout et toujours suivant les mêmes lois de l'astronomie, de la mécanique, de la physique et de la chimie ; elles sont donc soumises à la même législation.

Une seule substance, une seule force.

Donc le monde est Un ! et il est régi par des lois qui persistent depuis l'origine des temps, la théorie de l'origine du monde le prouve.

Tous les matérialistes en conviennent. Mais ils se trompent quand ils prétendent que la matière peut se suffire à elle-même; qu'il n'y a pas de législateur, que l'on peut se passer de l'hypothèse Dieu.

L'action du monde va sans rémission à la décrépitude, par suite de la perte constante du calorique dans l'espace.

L'observation montre, en principe, la matière dans un état de dilatation et de chaleur extrêmes. Avec le temps elle se concentre en masses d'abord incadescentes ou astres, ceux-ci rayonnent leur calorique dans l'espace et subissent un mouvement de rotation ou de fronde qui, à mesure du refroidissement et de la concentration, en détache des masses ou satellites, gravitant autour de la masse centrale à des distances diverses et tournant elles-mêmes sur leur centre.

Celles-ci, en raison de leur volume plus petit que la masse centrale et de leur éloignement du foyer incandescent se refroidissent plus vite. C'est ainsi que notre terre, privée de la chaleur solaire, serait aujourd'hui trop refroidie pour entretenir la vie par sa propre chaleur.

Donc la tendance innée de la matière est le refroidissement; elle ne peut s'arrêter qu'au froid extrême de l'espace suivant la loi de l'equilibre de température qui s'effectue par l'irradiation du calorique à la surface du corps, jusqu'à ce que cette température soit égale à celle des corps environnants.

Si votre potage est trop chaud, attendez un peu, l'irradiation le refroidira. Que devient cette portion d'énergie qui vient d'être dépensée pour chauffer le potage, ce combustible emmagasiné par le soleil dans la plante et dépensé en transformant le charbon en acide carbonique ? La vapeur qui accompagne le potage l'indique ; c'est l'air qui en bénéficie : mais de couche en couche de plus en plus froide, ce calorique va à la surface extrême de l'atmosphère pour se perdre dans l'espace, dans l'éther immense dont le froid reste excessif malgré le rayonnement de tous les astres depuis l'origine des mondes ; ce qui fait présager qu'il ne se réchauffera guère plus sous l'influence du calorique perdu par les astres d'ici à leur extinction. Il y en a d'ailleurs quelques-uns qui sont rouges ou jaunes ce qui prouve qu'ils ont beaucoup perdu de leur chaleur ; qu'ils sont sur le déclin.

Si l'espace ne se réchauffe pas, comment pourra-t-il donner à la matière, s'il en reste à l'état de formation, le calorique immense nécessaire pour constituer un astre. La renaissance des mondes est impossible.

Donc tous les astres sont appelés à s'éteindre dans un froid extrême ; or la science constate en plus l'impossibilité absolue de reprendre ce calorique à l'espace pour le concentrer de nouveau dans les corps glacés qui deviennent aussi solidifiés.

Car, à mesure du refroidissement, ces corps passent de l'état gazeux à l'état liquide, puis à l'état solide et au moment de ces transformations, ils perdent en outre, chaque fois, une quantité de calorique latent, c'est-à-dire concentré dans leur masse pour en conserver les propriétés et qu'il faut leur rendre pour les faire revenir artificiellement à un état abandonné à jamais par la nature ; l'observation le prouve. L'eau gelée aux pôles, le serait éternellement si le soleil ne venait la fondre à chaque saison, en l'élevant au degré de fusion et en lui restituant son calorique latent. De même pour l'état gazeux. Ainsi l'eau chauffée dans un vase arrive bientôt toute à la fois au degré où elle bout ; et cependant elle ne s'évapore pas instantanément, mais peu à peu, par un feu continu qui, sans augmenter la température de l'eau, laquelle reste tout le temps à 100 degrés, fournit à mesure le calorique latent que la vapeur emmagasine dans ces molécules avant de s'évaporer.

Cette observation est bien importante, car elle montre que ce calorique qui se dissimule doit agir sous une autre forme de l'énergie, pour maintenir ainsi les molécules des corps dans leur état gazeux, dans leur état liquide, et même dans leur état solide pour maintenir ici leur cohésion.

Conclusion. — La matière à l'état d'atome, à l'état de gaz, a la plus grande quantité d'énergie qu'elle puisse posséder, mais elle a la tendance de passer de l'état gazeux à l'état liquide et de l'état liquide à l'état solide, sans jamais remonter de l'un à l'autre. Elle chasse donc cette énergie qui lui donne cependant le mouvement et maintient ses propriétés moléculaires; mais sa tendance est d'*arriver à l'état de refroidissement, de stabilité et de repos final à l'état solide.*

Les gaz incandescents qui enveloppent le soleil et qui s'entr'ouvrent par moment, pour montrer des masses plus profondes, indiquent bien que les astres doivent aussi passer par les trois états.

Si la cause qui fait perdre aux corps le calorique, en les faisant passer par les trois états, était fatale, tous les corps de notre planète auraient dû le perdre en même temps et arriver ainsi à l'état solide tous à la fois. Pas d'arrêt, pas de combinaisons stables possibles : tel un torrent qui s'écoule, tels les corps de poids divers qui tombent dans le vide tous à la fois, sous l'influence de la pesanteur. Mais heureusement il n'en est pas ainsi : pendant que les éléments de notre sol ont pris la consistance nécessaire pour supporter nos corps et nos édifices, l'oxygène et l'azote restent gazeux pour fournir à notre respiration ; et l'eau reste liquide pour nous désaltérer.

Les degrés de sa liquéfaction et de sa vaporisation sont assez rapprochés pour que la chaleur du soleil puisse, dans ses variations diurnes l'élever en nuages jusqu'aux montagnes afin d'alimenter nos fleuves, ou la déverser en rosée, en pluie sur nos récoltes. Sans le soleil pas de réaction possible sur notre terre glacée.

Action et réaction voilà les conditions de toute variété dans les phénomènes, *de toute activité.*

Chaque corps a donc un degré de température où il doit subir chacun de ses états et c'est ce qui contribue, avec les réactions chimiques, à produire les phénomènes si variés de la nature ; ce que ne ferait pas la matière de sa propre tendance.

La science est parvenue à faire passer tous les atomes par les trois états. Avec la chaleur et le froid artificiels, et en variant la pression, on est arrivé à solidifier les gaz les plus réfractaires, à faire passer à l'état gazeux les métaux les plus durs. Donc la loi est générale, mais son application si savante, si variée, indique bien la haute intelligence de celui qui l'a appliquée.

Les mélanges réfrigérants prouvent une volonté directrice du monde

Entendons-nous bien, une fois pour toutes sur le mot intelligence : *inter-legere* (Littré) *choisir entre divers moyens, entre divers objets.*

La nature du cheval est de paître à l'aventure et de se reproduire, c'est son instinct. L'intelligence du cavalier est de le châtrer pour mieux le dompter, et de le conduire où il lui plaît. Voilà l'intelligence. La tendance de la nature est d'aller, par le chemin le plus court, à l'état solide et au refroidissement : si elle s'arrête mille fois en route pour construire des merveilles, c'est qu'un être intelligent la dompte et la dirige.

Quand nous nous servons du fer, de l'eau, de la chaleur pour notre industrie, nous faisons un choix constant de moyens et d'objets, nous faisons acte d'intelligence. La matière et l'énergie ne font qu'obéir aveuglément à notre action, présentant toujours la même passivité, la même docilité devant la loi qui oblige son action ; malheur même à nous quand nous méconnaissons la loi : de ce fait, spécial à l'homme, la raison doit conclure que la matière n'agit jamais par elle-même, mais qu'elle est dirigée par une cause dont l'intelligence et la puissance sont en rapport avec l'immensité de l'œuvre.

Montrons un fait qui indique l'intention du législateur.

Mélanges réfrigérants

La loi est que la solution concentrée de sel marin ne doit geler qu'à 21 degrés au-dessous de zéro, alors que l'eau ordinaire gèle à zéro. Est-ce pour conserver la vie aux animaux marins par des froids prolongés très extraordinaires, peu importe, voilà le fait : l'eau et le sel marin sont appelés à avoir l'un pour l'autre une affinité telle qu'ils resteront unis à l'état liquide jusqu'à — 21 degrés. Ce qui ne veut pas dire qu'ils formeront une combinaison chimique ; non, ils seront simplement unis, conjoints intimement grâce à l'état liquide.

Maintenant mélangez bien du sel marin avec de la glace pilée : les voilà en présence l'un de l'autre à l'état solide, leur attrait réciproque les poussant à l'état liquide. Mais ici se présente une difficulté ; tout corps, pour revenir de l'état solide à l'état liquide, doit emprunter une somme taxée de calorique pour constituer le capital intime, le calorique latent, qui sert à maintenir les molécules en cet état. Où le prendre ? Certainement les corps environnants vont y contribuer d'après la loi de la conductibilité du calorique ; mais cela ne suffira pas ; et alors, ne trouvant plus de calorique à prendre à l'entourage, il se produira ce fait extraordinaire, ce fait anormal, c'est qu'à mesure que la glace et le sel se fondent, ne trouvant plus de calorique à prendre à l'entourage, alors, afin de subvenir à l'apport de ce calorique latent, ils empruntent sur leur propre fond et deviennent de plus en plus pauvres en calorique, de plus en plus froids ; jusqu'à ce que descendus à — 21 degrés, le divorce est déclaré de par la loi. Chacun, reprenant son autonomie, repasse à l'état solide et, en rejetant à mesure son calorique latent de liquéfaction, arrête définitivement le degré de refroidissement et l'opération se termine donc suivant la règle par un dégagement de calorique.

Voilà la théorie des mélanges réfrigérants qui semblait contrarier la loi de la production, et de l'expulsion de la chaleur dans toutes les opérations de la matière. Or, le calorique est la forme de l'énergie qui se dépense irrémédiablement dans l'espace. Il n'y a donc pas ici une exception.

La matière ne tend partout qu'au refroidissement.

Toutes les Combinaisons chimiques, toutes les opérations par l'électricité se liquident par une perte de calorique.

Les trois états des corps leur conservent leur individualité ; ainsi l'eau, vapeur ou glace, reste toujours à l'état d'eau. Mais elle ne ressemble par aucune de ses propriétés, ni à l'oxygène, ni à l'hydrogène dont elle est composée. Ces combinaisons, appelées chimiques, font donc des corps nouveaux chacun avec des propriétés distinctes ; beaucoup d'entre eux passent par les trois états.

C'est par l'agencement des états et des combinaisons chimiques des corps, en utilisant l'énergie, que sont modelés tous les êtres de la nature. Quelle simplicité et quelle richesse de productions !

Les soixante-six atomes sont là, comme sont pour le jeu les cinquante-deux cartes, les trente-deux pièces des échecs. Que de combinaisons possibles ! mais qui est le joueur, qui combine, qui *choisit*, qui impose aux atomes l'ordre d'agir suivant les règles du jeu : l'acide carbonique, par exemple se combinera avec celui-ci et pas avec celui-là ; il le fera à telle température et abandonnera sa combinaison à telle autre ou en présence de tel autre corps qui le supplantera. Tel sera soluble dans l'eau, pourra en être précipité par un autre ; tel autre ne sera pas soluble, ou ne le sera qu'à une certaine température.

Voyons! est-il possible que ce soit les atomes eux-mêmes, qui se mettent en danse pour exécuter des pas aussi compliqués ? Et cette loi générale, fatale, qui domine toutes les opérations de la matière, la taxe imposée sous forme de calorique, sur son capital d'énergie, à chacune de ces combinaisons chimiques ; calorique à jamais perdu : en sorte que le capital le plus considérable est concentré, à l'état latent, dans les atomes, dans leur état primitif de simplicité ! En se combinant un à un ils commencent à en perdre, combinaisons binaires ; deux à deux, combinaisons quaternaires, encore plus. L'énergie se dépensera ainsi à mesure qu'elle servira à mettre en mouvement des combinaisons nouvelles, perdant de son agilité, laissant les corps de plus en plus inertes dans des combinaisons de plus en plus stables. On peut dire qu'à mesure qu'elle agit, elle brûle ses réserves et le calorique engendré produit chaque fois une fuite de l'énergie dans l'espace.

C'est ainsi qu'en allumant notre foyer, nous mettons les atomes du carbone de notre combustible en situation, de proche en proche, d'atteindre la température où il doit se combiner avec ceux de l'oxygène de l'air pour former l'acide carbonique. Puis c'est aux dépens de l'énergie latente du combustible et de celle de l'oxygène de l'air que se continue la température nécessaire à cette transformation. Cette chaleur dont nous bénéficions, et qui se perd pour la plus grande partie dans l'air, est donc produite par une portion de l'énergie énorme que le créateur avait accumulée dans les atomes du carbone et dans ceux de l'oxygène, à l'état d'atome simple à l'origine du monde et qui est emmagasiné à l'état latent. Il en a été ainsi pour tous les atomes. Si l'oxygène et l'azote de l'air chassaient subitement toute leur énergie latente, elle brûlerait la terre.

Mettons maintenant l'acide carbonique, composé binaire, en contact dans l'eau avec un autre composé binaire, la chaux, il se formera du carbonate de chaux, notre pierre calcaire, composé quaternaire, beaucoup plus stable. Donc il y aura dégagement de chaleur. La contre-épreuve est facile : vous savez quelle chaleur il faut concentrer dans nos fourneaux pour restituer ce calorique à la pierre à chaux, quand nous voulons dégager de son acide carbonique la chaux vive nécessaire à nos constructions. Mais la chaux vive ainsi sortie malgré elle de sa combinaison stable va au plus vite éteindre ce calorique avec l'eau d'abord, puis avec le sable, en dégageant chaque fois le calorique imposé par l'homme et revenant finalement à ses combinaisons préférées, c'est-à-dire à l'état solide.

Quand les matérialistes montreront, sur la terre, la matière refaisant, par sa propre tendance, avec nos rochers de la chaux vive, nous pourrons croire à sa puissance personnelle, à son initiative.

Tous les traités de chimie et de physique constatent donc cette déperdition de l'énergie à chaque mouvement de la matière ; cette impossibilité de la ressaisir.

Les lois de Berthollet montrent que les réactions chimiques tendent à produire des corps de plus en plus stables et à dégager chaque fois de la chaleur.

Si cependant une combinaison moins stable peut dégager plus de chaleur, c'est celle-ci qui aura lieu. Il semble donc que la matière sacrifie son repos immédiat au désir de perdre le plus d'énergie possible. Mais en définitive partout la matière tend au refroidissement et au repos.

L'électricité semble faire exception, car entre les mains de l'homme elle remet en liberté, par exemple, l'oxygène et l'hydrogène déjà convertis en eau ; mais c'est en empruntant le calorique nécessaire pour reconstituer leur énergie latente à l'acide sulfurique et au zinc de la pile ; ceux-ci donnent le calorique nécessaire à leurs dépens et passent à leur tour à une combinaison plus stable en formant le sulfate de zinc. Mais dans tous ces cas l'expérience montre que l'opération finale se liquide par une perte de calorique ; donc la loi n'est pas éludée.

L'électricité est le vrai générateur de la force, le calorique en est le dissipateur. Dieu en donnant à l'homme le maniement de l'électricité lui a donné une portion de sa puissance pour créer des merveilles : aujourd'hui il produit la synthèse de diverses substances organiques et les miracles ne sont pas finis. Ce qui ne veut pas dire que les forces brutes sont capables de le faire par leur propre énergie ; il faut le secours de l'intelligence humaine et la nature est fatale. Mais à tout propos les matérialistes font ce sophisme pour prouver que la matière suffit à tout.

Il ne faut pas oublier que les phénomènes de décadence de l'énergie sont entravés sur la terre par l'appoint d'énergie fourni régulièrement par le soleil, au moyen duquel les phénomènes se perpétuent dans une jeunesse qui durera encore pendant des milliers de siècles.

Mais, dès maintenant, nous pouvons accuser la matière d'être impuissante à retenir l'énergie dans sa propre substance, dans les atomes.

. . . .

Exceptions apparentes à la déchéance de la matière. Explosifs

Il existe cependant des combinaisons, dites endothermiques, c'est-à-dire qui concentrent la chaleur au lieu de la dépenser. Elles sembleraient donner un démenti à cette affirmation. Mais dans ces cas, c'est la main de l'homme qui produit ces combinaisons artificielles et, là encore, la règle n'est pas violée. Il s'agit des corps explosifs. Ces composés heureusement ne se forment pas directement par union des composants supposés libres, où la nature agirait seule : leur production est corrélative de celle d'autres composés se formant en fournissant beaucoup de calorique, qui se concentre dans ces combinaisons forcées, monstrueuses. Mais la réaction totale de ces combinaisons compliquées est toujours accompagnée de chaleur perdue. La taxe du calorique dégagé est payée : la loi n'est pas violée.

Mais l'homme n'en a pas moins violenté la matière ; il l'a mise dans un travail qui lui répugne, il l'a forcée à accumuler de l'énergie. Gare à lui. Le moindre prétexte : une étincelle, un choc, le frôlement même d'une plume suffira pour chasser violemment cette énergie néfaste dont la matière a horreur : ce qu'elle montre encore aujourd'hui dans les volcans et les coups de tonnerre.

Voyons-la à l'œuvre dans la fabrication de la poudre, du fulmicoton. Nous saisirons ainsi son rôle dans les combinaisons chimiques. Et d'abord il faut noter le rôle qu'elle fait jouer à l'atome oxygène, qui est par excellence l'agent préféré pour précipiter la marche des atomes vers leur dégénérescence en produisant le phénomène de la combustion. Cet atome s'attaque d'abord à un partenaire bénévole et l'entraîne dans une combinaison binaire, dégagement de chaleur ; puis il va en chercher un autre pour le mettre dans le même état : puis il les attache tous les deux dans une solide combinaison quaternaire ; avec troisième dégagement de chaleur ; faisant exprimer chaque fois l'énergie comme l'eau d'une éponge C'est à cela qu'il se complaît.

Prenons maintenant les éléments qui constituent la poudre : soufre, charbon, salpêtre. On sait que le charbon, C, ne demande qu'à brûler pour former avec de l'oxygène, O, de l'acide carbonique CO^2. Le soufre, S, aussi se combine bénévolement. Si vous mettez en présence de ces deux corps simples soufre et carbone, beaucoup d'oxygène, il y a bien à parier qu'ils saisiront cette occasion de se combiner au plus vite pour rejeter du calorique. Or, le salpêtre, produit organique est dans ces conditions. C'est un produit de la vie où il entre beaucoup d'oxygène. Il est en effet composé de six atomes d'oxygène contre un d'azote, Az, et un de potassium, K. ($KO. AzO^5$). Mêlez en poudre ce salpêtre avec un atome de soufre et trois atomes de carbone. Pour faire éclater ce mélange il suffira d'une étincelle. Résultat : l'Azote rendu libre à l'état de gaz, le potassium combiné avec le souffre KS ; et trois atomes de carbone, six d'oxygène libres ; d'où production de trois molécules d'acide carbonique ($3\,CO^2$) qui se dilatent subitement à l'état gazeux, en dégageant l'énorme quantité de calorique latent que possèdent O et C à l'état de corps simples. Une faible partie de cette chaleur a suffi pour redonner à l'azote sa liberté et pour combiner d'autre part le soufre avec le potassium, vu que le soufre lui-même dégage du calorique en entrant dans un composé binaire.

$$KO . Az O^5 + S + 3 C = 3 (CO^2) + KS + Az.$$

Voilà la théorie de la poudre. Voici celle du fulmi-coton.

La vie accumule dans les matières organiques beaucoup d'énergie, à l'encontre de ce que fait la matière qui ne sait que la dépenser. Or la cellulose en contient une très grande quantité. Sa formule l'indique ($C^{48} H^{40} O^{40}$). Pour faire le fulmi-coton, on la combine avec l'acide azotique ($Az O^5 H O$). A ce moment elle abandonne quelques atomes d'hydrogène et d'oxygène pour former de l'eau ; mais le reste, sauf l'azote de l'acide azotique est uniquement composé d'une quantité énorme de carbone, d'hydrogène, matières éminemment combustibles, en présence du brûleur par excellence, l'oxygène. Il y a là une très grande puissance d'énergie latente disponible. Transformer l'hydrogène en eau, le carbone en acide carbonique, quelle tentation ! La vie n'est plus là pour maintenir dans l'ordre ces riches et puissants seigneurs, C, H, O. Aussi n'y touchez pas, ou la matière va tout briser pour chasser l'énergie et reconquérir sa stabilité.

C'est d'ailleurs ce qu'elle fait sur toutes les matières organiques où l'énergie est accumulée bien malgré elle, nous le montrerons. Dès qu'on lui fournit une étincelle, elle continue avec rage l'incendie, pour revenir aux combinaisons stables : cendres et acide carbonique.

Les composés qui contiennent le plus d'énergie sont ceux qui ont le plus grand pouvoir lumineux et calorifique ; ce qui veut dire que ce sont les plus portés à dépenser cette énergie.

Donc tous les prétextes sont bons à la matière pour secouer l'énergie : elle saisit les plus faibles occasions.

Donc partout et toujours la matière précipite sa tendance à fuir l'énergie et c'est une main de fer, mais gantée, qui la maintient dans des limites utiles et fécondes. Et c'est avec un amour pareil de secouer l'énergie, d'aller vers le repos absolu que la matière aurait, à l'origine des temps, accumulé dans ses flancs une pareille importune. Non, non ! ce n'est pas elle qui l'a accumulée dans les atomes. Si elle eût été maîtresse de ses actes, elle l'eût dépensée tout d'un coup, dans une explosion épouvantable, passant sans discontinuer de l'état gazeux à l'état solide, de l'incandescence au froid de l'espace.

Car, il faut bien le retenir, elle n'hésite jamais et quand elle le peut, elle *choisit toujours entre deux combinaisons, celle qui lui enlève le plus de calorique : c'est un principe de chimie.* La matière ne sait pas accumuler l'énergie, elle ne sait que la dépenser. Heureusement qu'une loi intelligente la retient dans l'engrenage des états et des combinaisons chimiques et la force comme un fleuve docile à fertiliser tout son parcours ; à travailler comme l'homme, à produire une industrie. Or pour l'homme elle n'est que l'élément du travail. Donc dans l'exécution du monde ce n'est pas elle qui est l'industriel, l'architecte. Il faut un architecte dominant la matière et lui imposant ses ordres, ses lois. Ce n'est donc pas la matière qui, au commencement des mondes a produit les forces qui la mettent en action : ces forces, elles-mêmes, en se perdant dans l'espace, prouvent qu'elles ne se sont pas accumulées de leur propre initiative, au commencement, dans les corps ; et la science ne voit aucun moyen de les ramener dans la matière immobile et glacée.

Nous connaissons maintenant le tempérament de la matière dans sa constitution, ses transformations et la dépense de son énergie, mais il reste à étudier à part le rôle qu'elle joue dans le mouvement général du monde.

Véritable rôle de la matière
Attraction, pesanteur, gravitation

La forme de l'énergie qui paraît bien être la propriété donnée à la matière c'est l'attraction. Elle a pour objet d'attirer tous les corps célestes entre eux. Quand elle produit son action sur chaque masse en particulier, sur la terre par exemple, l'attraction prend le nom de pesanteur. Elle a pour tendance d'en attirer toutes les parties vers le centre, sous forme de sphère. Quand ces parties sont bien tassées, bien appuyées les unes sur les autres, elles ne bougent plus, heureusement pour la solidité de nos édifices. C'est l'état de repos, d'immobilité. La tendance de la matière est encore ici satisfaite. Tout mouvement qui contrarie la pesanteur, qui redonne la vie à la matière à l'état de repos est contre nature. Rien ne bougerait plus sur la terre si le calorique central par ses effets terrifiants et la chaleur solaire par ses effets bienfaisants ne forçaient la matière à se remettre en mouvement.

Conséquence

La tendance de la matière dans son état de nature est la concentration de ses masses à l'état solide dans l'immobilité qui, avec le refroidissement extrême, constitue la mort, l'incapacité à toute action.

Gravitation
Mouvements circulaires, rectilignes et ondulatoires

L'attraction des corps célestes diminue heureusement par la distance, autrement tous les astres ne formeraient bientôt qu'une seule masse ; ce qui arrivera peut-être à la fin des siècles.

Mais il en est de tellement rapprochés, comme la lune de la terre, la terre et les autres planètes du soleil, que cette attraction victorieuse aurait précipité la lune sur la terre et la terre sur le soleil sans le mouvement de rotation ou de fronde qui contrebalance l'effort inné de la matière à précipiter ses masses les unes sur les autres.

Mouvement circulaire

Si dans le mouvement de fronde, la pierre retenue au lien qui aboutit à la main ne tombe pas sur ma tête, quand elle passe au-dessus, c'est que ma main la force constamment à se tenir éloignée ; que je cesse et la pierre tombera. Dans ce mouvement de fronde, l'effort de ma main et la tendance de la matière sont bien évidemment contraires. Donc le mouvement de rotation des astres prouve une cause agissant à l'encontre de la matière et cette cause même doit être persistante. C'est la gravitation céleste. Donc si l'énergie est une et elle l'est, elle a été au moins une fois pour toutes, détournée de sa tendance native par une force étrangère pour subir un mouvement circulaire. Nous, à chaque instant aussi nous la détournons de ses tendances naturelles pour notre industrie. Connaissant les lois qui la régissent nous la forçons à actionner nos engins, nos machines. Donc, comme chez nous, il y a dans la gravitation l'acte, l'intervention d'un être doué de volonté, de raison même car les orbites sont constantes et mesurées.

Quand le meunier détourne le vent de sa tendance naturelle pour lui faire tourner les ailes de son moulin, ce n'est plus la force aveugle, fatale de la nature qui moud la farine, elle n'est qu'une cause seconde occasionnelle. La vraie cause, la cause efficiente est intelligente. Elle se subdivise même en deux causes intelligentes successives dont l'une a construit le moulin et l'autre en dirige la manœuvre.

Donc, chose bien importante quand on parle de cause, dans tout acte produit, il faut constater : 1° la part que fournit la matière, ici la pierre, la chaux ; 2° celle de l'intelligence qui la met en œuvre, le maçon ; 3° celle de l'intelligence qui l'utilise le meunier. Et au-dessus de toute l'intelligence qui a conçu l'acte, l'architecte. C'est là la cause première jusqu'à laquelle il faut remonter et qu'il ne faut pas confondre avec les autres. Les matérialistes dans les actes de la nature se refusent à la chercher sous prétexte qu'elle est inconnaissable par elle-même ; comme si tout n'était pas inconnaissable et ne se caractérisait pas uniquement par les actes, par les phénomènes.

Donc tout mouvement de rotation représente deux forces distinctes combinées pour une action commune. Si l'une est propre à la matière, celle qui dompte son inertie ne l'est pas. La roue même dans le char, dans la brouette est un artifice par lequel l'être volontaire dompte la résistance de la pesanteur et du sol. Dans la combinaison de ces deux tendances l'une se montre passive, réfractaire, la pesanteur ; et l'autre volontaire.

Il faut se rendre à l'évidence : depuis le mouvement des astres jusqu'aux tourbillons des corpuscules microscopiques, tout parle d'une volonté suprême. L'orbite des astres prouve Dieu.

Mouvement rectiligne

Le mouvement des forces qui peuvent se résoudre en une seule cause est toujours rectiligne et conclut au parallélogramme des forces. C'est le propre de la pesanteur, c'est le seul manifesté par l'énergie vraie de la matière.

Mouvement ondulatoire

Or il y a encore une troisième forme de mouvement, c'est le mouvement ondulatoire qui aussi indique évidemment une action et une réaction ; et où il faut faire intervenir deux forces contraires : telles les vagues poussées par le vent en contradiction avec la pesanteur. Le type des mouvements oscillatoires ou ondulatoires est le pendule qui, attiré par la pesanteur, mais retenu par l'artifice de l'homme, a besoin d'une impulsion primitive pour osciller. L'électricité, la lumière, le calorique n'ondulent donc que par une impulsion donnée.

Dans le mouvement ondulatoire comme dans le mouvement circulaire il y a donc aussi deux agents ; l'un est à la matière, soit ; mais celui qui lui est opposé ? Comment éviter l'agent intelligent et volontaire qui seul a pu faire vibrer la lumière ? Dieu dit que la lumière soit et la lumière fut.

Mais ne venons-nous pas d'énumérer tous les

agents de la matière ; l'attraction ou pesanteur, véritable qualité de la matière, mais stérile par sa tendance à l'immobilité, le son, l'électricité, la chaleur, la lumière et la gravitation des astres, où partout la matière est réfractaire et où partout doit intervenir la véritable cause qui produit tous les phénomènes de la nature ; par l'opposition des forces, par l'action et la réaction, d'où résulte l'harmonie des mondes : attraction et répulsion, dilatation et concentration ; chaleur, lumière, froid, obscurité ; mouvement et immobilité ; deux électricités contraires et se neutralisant : réactions chimiques et probablement deux agents en opposition dans les atomes eux-mêmes où l'énergie latente ne peut être qu'à l'état de gravitation, ondulation, tourbillon. Pour notre terre, de la chaleur de l'équateur et du froid des pôles résultent les circulations liquide et aérienne qui la vivifient. Tout est donc dans la nature action et réaction. Il y a deux agents opposés qui influencent l'énergie. L'un c'est l'attraction, la seule aptitude donnée à la matière, réfractaire, tendant au repos et à l'immobilité ; dans toutes les autres manifestations des forces de la nature, il faut faire intervenir la véritable cause qui dilate, échauffe, met tout en mouvement et provoque tous les phénomènes de la nature en dépensant l'énergie. Pour cela, il faut lui reconnaître toutes les qualités que notre raison exige de la part d'un être capable de cet œuvre grandiose : la toute-puissance et une science, une volonté et une intelligence infinies.

La raison se refuse à la confusion de ces deux agents opposés. Ce serait plus qu'un mystère, c'est une impossibilité. Donc la matière a une existence singulière. Dieu aussi : l'un et l'autre ne peuvent fusionner ensemble. Si la science constate donc une seule énergie capable de transformer toutes les forces ; cette énergie ne peut provenir que d'une cause supérieure, que de Dieu, qui en a distrait l'attraction pour donner la réaction à la matière. Une force ne peut, par sa propre impulsion, se faire en même temps opposition. Une matière qui n'a qu'un but, une direction rectiligne dans ses mouvements, qui n'a que la tendance à concentrer ses masses et à dépenser son énergie, qui est en plus incapable de la renouveler, n'a pu faire le monde par sa propre vertu. En même temps qu'elle aurait eu le don de réagir, il lui aurait fallu le don d'agir et de varier son action, de choisir ses moyens, en un mot de faire acte d'intelligence. Son énergie ne présente même pas de preuves d'une puissance propre puisqu'elle est incapable de remonter même d'un cran à ses origines.

Nous pouvons donc conclure à une cause dominatrice de la matière.

La science conduit à une seule substance matérielle mue par une seule force.

Le panthéisme ne serait plus possible, si on donnait l'intelligence à la matière. Il ne pourrait y avoir à l'avenir qu'un seul Dieu matière.

Le monisme serait donc vrai si la matière pouvait

se passer d'une direction intelligente, mais la science prouve le contraire. Elle conclut à deux natures : une matérielle, une immatérielle, supérieure à la matière.

Est-ce donc le dualisme ? Pas davantage, pour cela, il faudrait que la matière eût une action variée et la science la montre simplement réfractaire. Elle se caractérise par le ressort qui, une fois tendu, ne vise qu'à reconquérir son immobilité.

Il n'y a donc que la solution biblique :

L'intelligence précédant la matière et lui donnant le mouvement. Au commencement était le Verbe.

En effet dans toutes les combinaisons de la nature il y a la manifestation d'une intelligence infinie. Les lois qui la maîtrisent révèlent une puissance immense, ne serait-ce que l'orbite calculée des astres.

La raison humaine terrifiée par la splendeur et l'immensité de l'œuvre a de tout temps élevé ses regards vers le ciel pour y exalter la gloire du Tout-Puissant.

Comment expliquer la folie de ceux qui le méconnaissent et qui l'insultent ; des savants qui devraient admirer Dieu plus que ce vulgaire qu'ils scandalisent, qu'ils corrompent inconsciemment de concert avec des fourbes masqués. Notre but est d'essayer, suivant nos faibles moyens, de l'expliquer.

Objections matérialistes

Le plus répandu de nos partisans de la matière éternelle dit que la chaleur pourra être rendue à un astre refroidi, par le fait du choc d'un autre astre : le mouvement dans ce cas sera transformé en calorique. Mais cette chaleur se dépensera et la matière aura encore perdu cette portion de l'énergie totale qui lui a été donnée. Il faudra tout de même aller à une fin.

D'autres astres se formeront avec d'autres éléments matériels répandus dans l'espace. Mais rien ne vient de rien et le caractère de la matière pondérable est d'être limitée. Il arriverait donc un moment où ces réserves cosmiques seraient épuisées. Encore faudrait-il les imprégner de calorique et par quel moyen ? Si elles le sont depuis l'origine du monde comment n'évoluent-elles pas actuellement? Il n'y a dans notre nébuleuse, la voie lactée, aucune nébuleuse irréductible en étoile. Les dix mille irréductibles connues sont toutes loin de notre monde sidéral. Il est donc probable que c'est à cause de leur éloignement que nos instruments ne peuvent les réduire en étoiles. Rien ne prouve donc qu'il y ait des mondes en formation et des réserves d'énergie.

Le mouvement dit-on est éternel, car il se transforme simplement sans perte ; ni gain. En supposant qu'il ne perde rien, ce dont on peut douter actuellement, celui-là seul qui donna le mouvement à la matière pourra le lui ôter ; car un mouvement n'est arrêté que par une force égale et opposée.

De ce qu'il y a des astres sur leur déclin, cela ne prouve pas qu'ils sont venus les premiers. Il faut tenir compte du volume. Ils sont d'ailleurs très rares, cinq pour cent d'après M. Faye. Dieu, peut d'ailleurs former de nouveaux astres. Mon père et moi nous agissons toujours (saint Jean). La Bible dit simplement que Dieu *se reposa* le septième jour.

Nous n'avons d'ailleurs voulu constater qu'une chose, c'est que la matière n'a pu faire la création. Le savant ne peut être matérialiste. Il n'a pas le droit de se désintéresser des causes qui dépassent la puissance de la matière, surtout lorsque l'observation scientifique montre celle-ci rebelle à toute initiative.

CHAPITRE II

Vie

La théorie matérialiste est impossible tant qu'on n'arrive pas à faire dériver la vie de la matière et l'homme de l'animal : de manière à ne faire qu'un tout depuis l'atome pour base jusqu'à l'homme pour fin, depuis la force brute jusqu'à l'âme raisonnable. On espère ainsi supprimer la cause surnaturelle du monde et se réfugier dans l'inconscience de la nature.

Or, pour que cette théorie ait une apparence de vérité, il faut prouver que la vie est produite par les forces de la nature. Aussi tous les efforts de Spencer et de ses adeptes se concentrent à produire une cellule de toute pièce, ce qui ne prouverait pas encore que la nature seule fût capable de le faire, sophisme qui sert de base à l'évolution. Mais passons, et attendons la création par les savants d'une *cellule germe, capable de se reproduire, de se perpétuer*, en un mot la revanche sur Pasteur. Il est donc très important de prouver que la vie ne vient pas de l'énergie de la matière et que le principe de vie est au contraire constamment contrarié par les tendances naturelles de cette énergie dont il est obligé de se servir, mais qui ne tend qu'à donner la mort. Nous en avons donné les preuves dans le volume du *matérialisme est faux*... Nous n'y reviendrons que pour prouver la réalité et l'immatérialité du principe de la vie.

Pour qu'il y ait vie, voici les qualités que nous requérons.

La vie a pour caractère distinctif l'organisation et la perpétuité par la reproduction ; et de plus la science, à mesure qu'elle progresse, montre que depuis la cellule jusqu'à l'homme, cette reproduction *réclame le concours de deux êtres*. Ce caractère est typique et constitue une barrière infranchissable entre la vie et les forces de la matière, qui de plus *ne se multiplient jamais*. L'énergie se transforme sans rien gagner ; tandis que le germe se multiplie indéfiniment de son vivant.

La vie se cache dans des granules microscopiques qui constituent les microbes et les cellules.

Les uns et les autres sont doués par une force inconnue d'une propriété commune, l'*assimilation* et d'une fonction distincte pour chaque espèce de microbe, pour chaque espèce de cellule.

Les cellules sont susceptibles d'être associées en communautés organiques par le principe immatériel contenu dans la primitive cellule germe fécondée, qui dirige et protège la communauté, depuis son origine jusqu'à la mort, constituant les espèces végétales et animales. Il se cache lorsqu'il s'agit de ses fonction organiques, se révèle chez l'animal par l'instinct et chez l'homme par la raison.

Pour nous conformer au goût du jour, nous l'appellerons principe de vie X, essence X, puisqu'il constitue un principe d'action, une force distincte de l'énergie matérielle.

Voici la preuve de son immatérialité.

Le principe qui anime la plante ne peut être localisé

La graine du rosier, dans sa cellule germinative fécondée, contient le principe qui, à lui seul, produit tout l'arbuste, en utilisant la terre, l'eau et l'air.

Cette cellule germe, se détruit en procréant les cellules filles qui constituent le rosier.

Où se localise donc ce principe ?

Coupez toutes les branches au pied de la tige ; la tige survit, donc elle contient encore le principe de vie. Est-il localisé dans la tige, dans les racines ? Non, car plantez les branches coupées et elles racineront ; chacune aura reproduit la même variété, le principe de vie y était donc resté dans chaque branche, il s'est multiplié, et cependant, s'il était matériel, il ne pourrait être en plusieurs endroits à la fois. Il est donc partout et localisé nulle part. Il a le don d'ubiquité. Il a de plus la propriété que ne possède pas la matière ni son énergie, de se multiplier dans les rejetons, branches, graines et bourgeons ; ceux-ci, par la greffe, peuvent porter leur variété sur un sauvageon pour démontrer qu'il peut y avoir plusieurs principes de vie sur le même sujet. Ainsi en laissant au prunier une branche pour porter des prunes et deux autres greffées, l'une avec un bourgeon de pêcher, l'autre avec un bourgeon d'abricotier, on aura trois principes de vie sur le même sujet. A la villa Lacépède, sur le coteau d'Agen, existe un cytise rose greffé au pied sur un cytise jaune. Mal soigné, il fut envahi par les rejetons du cytise jaune ; il mourait lorsqu'on lui enleva les rejetons et la tête fut renouvelée sur la partie saine à 1 mètre de hauteur. Aujourd'hui il a plus de quinze ans, 5 mètres de hauteur. Or, après une double bifurcation et parmi leurs nombreuses branches toutes à fleurs roses, se trouve une petite branche de 40 centimètres de longueur, terminée par une grappe de fleurs roses comme toutes les autres ; mais à sa base existent latéralement deux grappes axillaires de fleurs jaunes, de grandeur naturelle, avec deux petites feuilles à leur naissance.

C'est bien évidemment le principe vital du cytise qui dans sa vigueur a remonté ainsi à 4 mètres de hauteur. Cependant le bourgeon du cytise rose, en se greffant sur le jaune est bien celui dont le principe vital anime tout l'arbre couvert de fleurs roses. Ces deux principes immatériels sont bien distincts et cependant ils se pénètrent et ne font qu'un.

La graine du citron comestible produit un citronnier sauvage armé de piquants. Il faut le greffer à son tour pour reconstituer l'espèce comestible. Les deux principes sont donc unis dans la tige ; mais localisés l'un dans le fruit comestible, le sauvage dans la graine du même citron.

Le principe vital n'est donc pas produit par l'air, l'eau ni la terre quoiqu'il ne puisse vivre sans eux. Mais, objectera-t-on, il est produit par les forces matérielles, chaleur, lumière, électricité puisque sans elles il ne peut subsister. Oui ; mais c'est au même titre qu'il a besoin des substances matérielles. La preuve c'est qu'il décompose l'eau pour prendre son hydrogène et c'est qu'avec les parties vertes de la plante, la chlorophylle, il se procure le carbone, l'oxygène et le calorique nécessaire à ses organismes ; et comment s'y prend-il ? C'est bien simple. Il décompose l'acide carbonique de l'air en ses éléments, carbone et oxygène. Mais, pour cela, il faut prendre au soleil une quantité de calorique égale à celle que produit le charbon en brûlant, c'est-à-dire en faisant l'acide carbonique. Si le soleil donnait à notre planète une demi-heure d'une pareille chaleur tout brûlerait, et cependant le principe vital le soutire chaque jour sans qu'il y paraisse pour le bien de la plante et pour notre bien futur en faisant le bois, le charbon. On a noté cependant que lorsque l'électricité est accumulée accidentellement dans l'atmosphère, elle décompose l'acide carbonique en oxyde de carbone ; mais jamais celui-ci en ses principes, oxygène et carbone. La chaleur et la lumière du soleil ne sont pas d'ailleurs directement indispensables. Les champignons viennent bien dans les caves en utilisant le calorique des résidus des plantes.

Non, la nature sur la terre n'a aujourd'hui aucun procédé pour revenir du composé binaire, acide carbonique, à ses éléments carbone et oxygène, de l'eau à ses éléments hydrogène et oxygène, lesquels doivent récupérer le maximum de calorique latent dévolu à des corps élémentaires. Il faudrait leur restituer ce calorique, ce qu'elle ne fait jamais et revenir d'un composé plus stable à des éléments moins stables, toutes choses qui répugnent à ses tendances au refroidissement et à l'immobilité, il était essentiel de le répéter. C'est donc malgré elle que l'énergie de la matière laisse utiliser son calorique par la plante ; ce n'est donc pas à elle que nous sommes redevables de la vie. Il y a par conséquent une direction immatérielle, une essence dominatrice de la matière, présente partout à la fois, localisée nulle part, ayant la puissance de se multiplier indéfiniment sans perdre son individualité, de coexister plusieurs à la fois sur le même sujet, sous une seule direction. Au printemps vous êtes parfois surpris, sur votre chemin, de voir la terre toute jonchée de samares, graines membraneuses, que les paysans appellent des deniers. C'est l'orme, dont le principe vital se multiplie ainsi depuis un siècle.

Ces conclusions se rapportent non seulement aux plantes mais encore aux animaux qui en tirent leurs éléments. Ils sont de même construits avec la cellule germe. Ce sont simplement des organismes plus nombreux, plus compliqués, combinés pour des fonctions plus élevées, où brille aussi l'unité d'action. La direction et la surveillance d'un principe immatériel est encore ici plus nécessaire.

Système nerveux

Mais chez l'animal interviennent des fonctions nouvelles, que ne possède pas la plante sédentaire ce sont la sensibilité et le mouvement qui permettent à l'animal d'agir suivant ses impressions et les aptitudes de son instinct. Pour ces fonctions il y a un appareil spécial, le système nerveux, où semble même se concentrer le principe vital de la vie organique. Mais ce principe précède et forme le système nerveux, car il n'y a aucune trace de cellule nerveuse dans le germe, ni dans les premiers linéaments de l'être. C'est donc le principe vital qui crée le système nerveux. Serait-il d'ailleurs personnifié par la cellule nerveuse, il n'en serait pas moins immatériel, puisque déjà il l'est dans la plante.

Le système nerveux est composé de conduits qui partent des sens et des organes pour aboutir à des amas de cellules nerveuses appelés ganglions, quand il s'agit de fonctions locales, comme la digestion ; mais qui communiquent avec le gros ganglion central ou cerveau. Là, les conduits nerveux vont transmettre les sensations à la cellule cérébrale : de là partent aussi les conduits qui transmettent les mouvements aux muscles, et cet appareil cellulaire prend le nom de neurone, auquel les matérialistes veulent imposer le pouvoir de constituer la sensibilité, le jugement et la volonté de l'être pensant ; aussi bien de l'homme que de l'animal.

Il n'y a, en effet, rien autre chose que la cellule cérébrale de sensible, de visible pour matérialiser la sensibilité, la pensée et la volonté de l'être. Ces facultés font bien corps avec le neurone, elles sont emprisonnées dans le crâne, influencées par les troubles du cerveau, car la paralysie abolit les mouvements, les sensations, et la folie, trouble sensationnel, aveugle le jugement.

Donc si l'homme est esprit, il est aussi matière formant une seule personne. Comment en dégager la spiritualité ? Sans nous arrêter à ce fait concluant que le principe de la cellule est immatériel dans la plante nous voyons d'abord que les circonvolutions du cerveau sont toutes semblables dans leur structure ; ensuite que les neurones sont tous faits sur le même modèle, ce qui fait présumer une seule et même fonction. Partout où il y a vie chaque organe, chaque fonction a sa structure spéciale, le rein, le foie, la rate. Ici aucune distinction en rapport avec les multiples fonctions de l'intelligence et pas de cellule centrale pour y loger la pensée et la volonté qui font l'unité de l'âme.

Que d'efforts ont été faits pour proportionner l'intelligence de l'homme à la masse cérébrale. Donnez cette illusion et on vous fera des funérailles nationales, vous reposerez au Panthéon et vous aurez votre statue. Il est certain que l'intelligence est dans le cerveau et qu'elle n'est que là chez l'être vivant ; mais peut-elle y être matériellement lorsque l'abeille, la fourmi, avec leurs admirables aptitudes, n'ont que quelques minuscules ganglions pour parer aux fonctions des organes, à celles de la sensibilité du mouvement et de la volonté ; tandis que la cervelle du bœuf stupide pèse 600 grammes ; les troglodytes de la Lozère avaient le crâne plus développé que les modernes, avaient-ils plus d'esprit ?

Plus la science avance dans l'étude du cerveau plus elle envahit la masse cérébrale pour localiser les multiples centres de sensations, de mouvements ainsi que de leur coordination ; tout va bientôt y passer.

On y constate en plus, le siège du mécanisme du langage, de l'écriture, de la mémoire même ; mais jamais le jugement, la volonté, l'âme dans son unité, illuminant tout notre être, avec ses facultés si variées, ses passions, son pur amour, son idéal. Dans ces volumineux traités des fonctions du cerveau, cherchez donc le chapitre du siège de l'intelligence.

Certainement la pensée ne se développe qu'à l'aide de sensations aboutissant aux neurones et y produisant en tableau toutes les images conservées : donc le trouble des neurones doit produire l'hallucination. La coordination des sensations et des idées qu'elles éveillent ne peut se faire qu'avec le secours de la mémoire, si l'appareil de la mémoire est troublé, le jugement doit être en défaut. N'y-a-t-il pas là les deux éléments organiques de la folie, l'hallucination et l'incohérence ; les passions venant apporter leur contingent de trouble par l'excitation ou la dépression cérébrale ? La science a trouvé dans le neurone un centre de sensation et de mouvement, mais elle ne peut y trouver l'âme agissante qui serait multiple, innombrable comme les neurones.

Tandis qu'en admettant l'immatérialité de la pensée, mais localisée dans le cerveau, l'embrassant pour ainsi dire du regard, tout s'explique et le neurone devient simplement l'appareil matériel au moyen duquel l'âme spirituelle unie à la matière, prend connaissance de la nature par le travail de la pensée et y développe son action : pauvre prisonnière, casematée dans le crâne, à qui les nerfs des sens transmettent à travers des trous minuscules la photographie des images sensationnelles et c'est à travers ces trous qu'elle doit donner ses ordres au moyen des fils télégraphiques de ses nerfs moteurs. Pour cela donc le neurone est indispensable et sans le cerveau la pensée ne peut communiquer avec la nature ; voilà qui est un fait scientifique. Mais essayons d'aller plus loin pour prévoir les divers usages que l'on peut raisonnablement attribuer au neurone. Prenons pour terme de comparaison l'œil qui est bien scientifiquement un appareil de physique vivant pour concentrer sur la rétine les images visuelles des objets; elles y sont certainement photographiées sur des cellules. Mais est-ce là que l'âme les perçoit? A quoi servirait l'épanouissement du gros nerf optique dans le cerveau ?

Une simple cellule et un filet nerveux devraient suffire pour actionner le neurone. Mais il faudrait ainsi aller chercher les images sensationnelles dans chaque sens et dans toutes les parties du corps où se trouve la sensibilité. Ces images arriveraient entières, tandis que le cerveau n'enregistre que ce qui frappe *l'attention*. Comment d'ailleurs l'œil conserverait-il sur la rétine en même temps toutes les images visuelles perçues et conservées ? Mais si on admet la reproduction des images sensationnelles de tous les sens dans des cellules cérébrales, ces images recueillies comme dans un panorama sont toutes à la portée de la pensée emprisonnée ; alors elles peuvent être facilement comparées, associées.

Si le cerveau a ainsi pour fonction de conserver par l'image le souvenir des sensations perçues par tous les sens, voilà l'emploi d'une quantité énorme de cellules cérébrales pour les souvenirs innombrables que la nature nous fournit. De plus tous les signes conventionnels que nous créons pour le langage, pour l'écriture, pour les sciences, pour les arts, l'industrie : mots, chiffres, figures, appareils, etc. Tout cela fait image, images sonores, images visuelles. Il faut bien des cellules sensibles pour les figurer à la pensée.

Il faut, de plus, des groupes de cellules motrices pour préparer et coordonner les divers mouvements que nous imposons aux muscles pour la marche, la préhension ; quand nous écrivons, quand nous parlons ; pour la musique, la danse, l'escrime, la gymnastique, les divers métiers, etc. Voyez le prodige de coordination qu'il faut réunir pour, avec la flûte, faire rapidement les notes justes, en coordonnant les lèvres et les doigts. Y a-t-il dans tout cela assez d'occupation pour les fameux neurones, et leurs nerfs moteurs : c'est dans l'ordre des fonctions qu'on doit attendre de leur concours. Il faut en même temps que les neurones coordonnent leur action avec celle du grand sympathique, afin que celui-ci fasse exécuter automatiquement ces mouvements enseignés d'abord par la volonté.

Mais si la substance spirituelle n'existe pas, comment tous ces neurones vont-ils s'entendre entre eux pour choisir les images signes, appropriés à chacune de ces fonctions. Lancer, par exemple, les ordres que nécessitent les muscles pour prononcer les mots d'un discours. Où est situé leur centre d'action de direction, leur pensée ? Il faut que ce soit l'accord et le consentement de toutes ces cellules pour faire un orateur, un artiste ? C'est plus qu'un mystère c'est la raison renversée.

Le matérialisme tombe donc dans l'absurde quand il veut se passer de l'immatériel, sous prétexte qu'il ne le voit pas. Et voit-il l'atome, saisit-il l'essence des forces de la nature ? Le cerveau est un admirable mécanisme qui jouit de tous les avantages des organismes vivants, c'est d'être constitué lui-même par des cellules déjà animées du souffle de la vie et présentant une spontanéité d'action spécifique qui dépasse l'action des forces matérielles. Mais il ne peut nous rendre compte des opérations de la pensée. Il est plus raisonnable de croire à un esprit impondérable, capable de communiquer instantanément avec chaque cellule cérébrale que de faire de chaque cellule l'être raisonnable qui produit la pensée. Mais pénétrons dans le mécanisme du système nerveux.

Mode d'action du système nerveux

Vous êtes dans un salon, on danse, debout, près du piano, vous êtes livré à vos réflexions et votre œil se promène sur ces danseurs qui suivent le rythme lascif d'une valse. A quoi pensent ces êtres enlacés? L'expérience personnelle vous a appris que peu d'entre eux sont assez novices pour être préoccupés du pas et de la mesure. Non, ils rêvent en savourant le plaisir du contact, ou en échangeant quelques paroles.

L'attention ne préside donc pas aux mouvements du corps, l'habitude les a rendus automatiques. Voici comment : les modulations sonores, transmises par l'oreille, ont sensibilisé les cellules cérébrales des nerfs auditifs ; elles s'y sont gravées par leur répétition et ces cellules-images, actionnées par la volonté, ont mis en jeu dans les neurones les nerfs moteurs correspondants pour transmettre à l'appareil du grand sympathique, apanage du principe vital, l'ordre d'adapter à chaque modulation les mouvements musculaires nécessaires pour les exécuter. Ainsi premier temps de la valse : ordre cérébral de porter le pied droit en avant et en dehors, les cellules spinales par leurs nerfs sympathiques vont diriger les mouvements des muscles de la jambe et du pied, dans le sens indiqué ; en commençant avec raideur ; mais l'ordre se réitère et à la longue ils finissent par obéir. Il s'établit ainsi un faisceau de nerfs sympathiques moteurs pour faire exécuter par chaque muscle le mouvement et aboutissant à un centre ganglionnaire spinal où se coordonneront ces nerfs avec ceux des muscles du pied gauche pour former un centre réflexe automatique ; en sorte que le tout sur l'excitation des nerfs cérébro-spinaux, c'est-à-dire partant de la volonté pour aboutir à l'automatisme, exécutera les mouvements de la valse. Une fois cet appareil mis en correspondance parfaite avec les cellules cérébrales de la mémoire, préparées à cette cadence, l'appel de l'orchestre suffit, par l'habitude, pour qu'il fonctionne. La volonté n'a qu'à lâcher la bride, laissant à la pensée la liberté de porter ailleurs ses regards. Celle-ci est donc bien distincte du corps avec lequel elle est obligée de vivre dans une union absolue.

Si vous voulez une preuve encore plus convaincante de la distinction réelle de l'essence organique et de l'essence pensante dans cette union insondable qui constitue l'âme, même à un degré inférieur l'âme animale, tournez vos regards vers le piano. Vous y remarquerez une jeune fille recevant aimablement le flirt d'un jeune homme qui cause avec elle, sous prétexte de tourner les pages de la partition. Elle n'en a certes pas besoin, car elle sait sa valse par cœur. Ses yeux préfèrent suivre obliquement le jeu de physionomie de son voisin et, parfois, scruter rapidement du regard le salon pour s'assurer que des yeux jaloux ne les surveillent pas.

Sous les doigts rapides cependant, la valse exprime son rythme entraînant et l'âme de la jeune fille plane au-dessus de ce travail corporel, qui ne l'assujettit plus, dans des préoccupations qui nécessitent de sa part une attention extrême : regarder à droite et à gauche, rire avec son partner des réflexions échangées sur les personnes qui prêtent au ridicule ; cacher ainsi, si c'est possible, le trouble de ses propres sentiments, n'est-ce pas, une comédie qui se joue entre deux pensées ; situation qui peut décider de l'avenir de deux êtres. Et la valse allait toujours.

Entrons dans le cerveau de la pianiste et nous serons effrayés du travail qu'y provoque la pensée, pendant que dansent les réflexes de la valse : ordre de lancer un regard circulaire dans la salle ; l'appareil cérébral optique transmet l'ordre au nerf optique de sensibiliser la plaque photographique rétinienne pour transmettre au cerveau une épreuve de l'image de la salle ; aux nerfs moteurs de l'œil de donner à tout l'appareil oculaire un mouvement circulaire. Tout est fait instantanément et rapporté par le nerf optique aux cellules cérébrales de la mémoire.

En même temps que l'appareil optique obéit à l'âme et que celle-ci enregistre sa réponse, l'attention se porte sur les mots sonores de l'ami que transmet l'appareil auditif à ses cellules sensitives cérébrales; ils sont enregistrés dans la mémoire. A de rares moments l'appareil réflexe interrompt le tout, en avertissant que la mesure chancelle et qu'un accord est manqué. L'appareil de la mémoire en tient bonne note, ainsi que de tous les détails de ce proverbe à deux. En sorte que la nuit, quand le som meil sera rebelle, tous les détails de la soirée se représenteront à l'esprit, malgré même la volonté : le cerveau, dans cette partie que nous appelons l'imagination, étant surexcité, toutes ces images visuelles tracées dans l'appareil de la mémoire reparaîtront ; et les auditives donneront l'obsession de l'air trop répété de la valse ; en même temps que se retracera le souvenir de la conversation.

L'analyse ne serait pas complète si nous ne donnions une esquisse du travail produit par le principe de vie pendant l'exécution d'un morceau de piano. Quel est l'élève qui ne se rappelle les longs tâtonnements des doigts ; l'annulaire rebelle : main droite, main gauche agissant isolément ; de même chacun des dix doigts, jusqu'à six à la fois. Il faut donc que les réflexes du grand sympathique puissent manœuvrer en même temps et chacun pour sa note, les divers petits muscles des doigts ; la main appuyée sur les muscles des bras ; ceux-ci assujettis par ceux de l'épaule, il faut que les muscles du torse, appuyant le buste, se prêtent aux manœuvres exigées par l'étendue du clavier ; que, de même, ils soutiennent les membres inférieurs, dont les muscles, à leur tour, effectuent les mouvements des pédales. Tous ces nerfs moteurs musculaires, dirigés, chaque groupe par les cerveaux organiques ganglionnaires de la moelle épinière, reliés entr'eux, reliés au cerveau, doivent manœuvrer au mouvement rapide de la valse, sans hésitation, en cadence, plus rapides que la pensée.

Il faut que les yeux saisissent au vol, dans un presto, des fusées de notes par trois, cinq, six à la fois, transmettant ainsi chaque note à sa cellule cérébrale, image optique, qu'une longue étude a fini par fixer ; ce neurone optique transmet en même temps à l'appareil réflexe de l'essence X, au grand sympathique, l'ordre d'exécuter les mouvements appropriés à la note.

Alors les cellules ganglionnaires, amorcées à l'appareil cérébral volontaire, distribuent à leur tour l'ordre de marche à chaque muscle sollicité. C'est ainsi que les réflexes bien éduqués par les cerveaux organiques jouent la valse de mémoire. La *mémoire est donc bien gravée dans des cellules cérébrales.*

Mais il faut tirer une conséquence plus grave, c'est *que le principe organique du corps et la pen-*

sée immatérielle sont distincts et leur union forme dans cette vie un seul tout, l'âme, la personnalité.

Dans l'exemple cité, l'âme avait beau s'isoler dans ses multiples opérations, l'essence X avertissait d'un défaut d'exécution dans les accords ou dans la mesure.

Les deux essences réagissent l'une sur l'autre, la volonté s'imposant au corps, le corps réagissant sur la volonté, et venant prouver par la douleur que nous ne sommes dans cette vie qu'une seule âme, une seule personnalité.

Vie organique

Nous venons d'essayer de rendre compte du travail prodigieux qu'exige de l'appareil sympathique la vie de relation ; la marche, l'exécution d'un morceau de musique. C'est à donner le vertige ; mais avez-vous réfléchi au travail intime que ce principe inconnaissable produit en même temps, constamment, dans tous nos organes : fonctions de respiration, de circulation, de digestion, d'assimilation d'expulsion, de reproduction, de réparation, de protection, de défense ; et cela dès avant la naissance jusqu'à la mort. C'est bien le principe du germe : son appareil sympathique s'étend partout pour la vie de relation, comme pour la vie organique. Mais pour la vie organique, il constitue un monde à part aux multiples cerveaux, chacun pour un organe : poumon, cœur, foie, intestin, rein, organes reproducteurs, etc.

Il semble que le corps est une cité, avec ses canalisations, ses ingénieurs, ses postes et télégraphes ; avec ses usines et ses manufactures, chacune représentée par un organe, agissant lui-même comme un animal aux fonctions singulières. C'est bien un microcosme.

Le principe vital a tiré du germe ce petit monde ; il le gouverne, prenant à l'intestin les matières alimentaires, les apportant dans une canalisation immense à chaque cellule et rapportant les déchets aux poumons et aux reins. Le cœur et les poumons fonctionnent nuit et jour à ce labeur sans fin sous l'impulsion de ce principe...

Le médecin est obligé de constater combien sa sollicitude est admirable, quand il s'agit de défendre le corps contre l'ennemi, contre la maladie. La fièvre est le plus souvent le symptôme de cette défense. Quand elle est contrariée, quand elle s'arrête au cours d'une fièvre éruptive, il y a danger de mort. L'accès de fièvre paludéenne est typique. D'abord le principe contracte les capillaires pour diminuer l'envahissement de l'ennemi vers les cellules, c'est la période de frisson ; pendant ce temps là il fait provision de l'oxygène que le sang apportait aux cellules et il l'emploie à brûler le poison porté par l'ennemi, période de chaleur ; puis il appelle la peau au secours du rein pour purifier au plus vite le sang des résidus du combat, période de sueur. Il ne faut donc contrarier la fièvre que dans ses excès possibles, dans ses trop hautes températures, et pendant son action bienfaisante n'intervenir que pour venir en aide à son labeur, si on peut avoir la certitude d'y contribuer.

Que nous sommes loin des forces aveugles de la matière : elle se montre encore ici plus docile, elle se prête à toutes les formes, elle se laisse dérober et utiliser cette énergie échappée de son soleil et qu'elle se complaisait à perdre dans l'espace ; elle se spiritualise même dans des qualités qui ne se révèlent que dans la cellule ; comme les matières colloïdes et cristalloïdes. Par tous ces phénomènes la vie montre l'imagination prodigieuse du maître de la nature. Le savant n'a qu'à s'agenouiller, à élever les yeux au ciel et à s'écrier : Je vous salue, Dieu tout-puissant, créateur du ciel et de la terre, architecte divin.

Ce principe vital, admirable d'intelligence, dont nous sentons en nous l'action bienfaisante, sur lequel le médecin doit toujours compter pour lutter contre la mort, qu'il contrarie trop souvent par une intervention maladroite, n'est pas une hypothèse un être de raison ; il a ses preuves matérielles ; il a son domaine au centre du grand sympathique. L'anatomie y reconnaît quatre centres d'action, quatre cerveaux ; l'un pour les organes de la tête et du cou, l'autre pour le cœur physique et les émotions morales, tout le fait présumer, l'autre pour les organes de la digestion, et le quatrième, pour ceux de l'expulsion et de la reproduction. Quand on voit sur une planche d'anatomie les résaux innombrables des nerfs télégraphiques qui relient tous ces cerveaux entre eux et avec des ganglions secondaires, puis par la moelle centrale, au grand cerveau, siège de la volonté, pour nous faire participer, quand il le faut à son action, on comprend combien est rudimentaire notre réseau télégraphique et téléphonique en comparaison de celui que Dieu a mis à la disposition de chaque organe pour ses fonctions propres d'abord, et par les quatre centres du grand sympathique, pour subir la direction du principe vital, providence tutélaire incessante. L'œil est émerveillé des innombrables fils qui relient tous ces ganglions et les rattachent à la moelle ; que d'ordres échangés, que d'employés en sous-ordres ; et d'après vous, matérialistes, il n'y aurait là que des agrégats moléculaires, des cailloux Avouez que c'est lestement escamoter le problème divin.

Ce principe, dans son ubiquité, ne se localise dans aucun organe, tout en ayant une action distincte pour chacun d'eux ; car dans les exemples cités à propos de la plante, l'essence du cytise jaune est restée inaperçue dans le cytise rose pendant quinze ans jusqu'au jour où, à la base d'une petite ramification rose, il a produit une fleur jaune ; l'essence X du citronnier sauvage reste inaperçue dans la partie greffée jusqu'à la production de la graine, au centre du citron comestible. Cependant le tout ne fait qu'un même sujet avec les mêmes fonctions, les mêmes vicissitudes ; il n'y a donc qu'une essence pour chaque plante.

Si dans chaque plante, dans chaque animal le principe peut ainsi multiplier son action dans des sous-ordres, en conservant son unité et sa singularité spécifique, de père en fils, depuis le premier germe de l'espèce ; les premiers germes qui ont formé ces espèces, à leur tour, peuvent donc aussi relever d'une seule essence primordiale issue elle-même de la cause intelligente du monde.

Essence suprême, artiste divin, qui créas cet agent incomparable en lui donnant la faculté de s'immortaliser dans ses multiples descendants, qui lui donnas le don d'ubiquité pour être partout à la fois à surveiller et protéger ton œuvre, que ta puissance et ta science sont merveilleuses ! Ton action et ta providence agissent sans cesse pour conserver ton œuvre ; alors que les tendances de la matière sont de la détruire partiellement par la mort, sans pouvoir détruire foncièrement la moindre espèce. Quand l'homme insatiable et imprévoyant vient à commettre ce crime, la nature est à jamais impuissante à récréer l'espèce disparue ; ce qui est la condamnation du principe fondamental du matérialisme, l'évolution.

Conclusion

Claude Bernard trouve dans l'action de la vie une idée. Oui, c'est vrai ; mais c'est une idée réalisée et de plus c'est une idée principe, princeps, prince, gouverneur, qui choisit, qui dirige, intelligent.

Or l'idée n'est pas un attribut de la matière, elle est l'apanage de Dieu. Donc le principe de vie vient de Dieu. Il a mis de son souffle sur la matière. C'est son Esprit qui a créé la vie. Mais que devient l'être après la mort ?

La pensée persiste-t-elle après la mort ?

L'essence organique X, absolument liée aux fonctions cellulaires qui sont établies avec le secours des éléments matériels, disparaît par la mort. La rupture détruit l'harmonie que ce principe de vie avait instituée, pas à pas, depuis le germe, dans les cellules organiques ; et il ne reste en définitive que des éléments matériels qui se désagrègent. Il ne fait donc plus partie de la personnalité humaine. Que devient ce principe ? Nous ne pouvons plus le suivre, puisqu'il ne tombe plus sous les sens par ses effets ; c'est bien l'inconnaissable, le point d'interrogation. A coup sûr il ne peut plus constituer le moi ; il ne peut plus avoir rien de commun avec mon âme, avec ma pensée, puisque tous les liens sont rompus. Mais ce principe de la pensée qui se sert de l'appareil cérébral pendant la vie, seul point par où il se rattache à l'essence X matérialisée dans le corps, dont il peut s'isoler chez l'homme de son vivant, nous venons de le prouver chez la pianiste, peut-il après la rupture, après la mort, faire persister ma personnalité, constituer à lui seul mon âme survivante ?

Les problèmes de la distinction de l'âme et du corps sont résolus avec une force de raisonnement que je n'aurais pas cru possible par la philosophie moderne ; leur résumé se trouve clairement exposé dans le petit traité du professeur Sortais.

Nous-même avons essayé de prouver que les idées étant immatérielles, étant constituées par des prototypes divins, pouvaient se montrer sans voile à la pensée, une fois l'âme dégagée des entraves qui ne les lui laissent acquérir pendant la vie que pas à pas, par l'observation et le labeur quotidien, enregistrées par une mémoire infidèle ; tandis que Dieu a certainement le pouvoir de nous en accorder la claire vision.

Quant aux animaux, le raisonnement philosophique prouve aussi que n'étant pas constitués pour aborder les idées pures de l'abstraction ; notions mathématiques, philosophiques, artistiques, etc., qu'ils ne raisonnent que sur des images sensationnelles, la personnalité s'éteint logiquement avec la sensation. L'essence pensante de l'animal peut donc n'être qu'une attribution sublime de l'essence organique X dans ses empiétements cérébraux, où elle va communiquer par ses nerfs sympathiques avec l'organisme cérébral dévolu à la pensée, pour que celle-ci prenne connaissance du monde extérieur. Là serait le point de rencontre entre l'appareil de l'âme périssable de la brute, dont la pensée se rattache à l'essence organique et celui de la pensée pure de l'homme qui a besoin d'un appareil cérébral analogue pour se mettre en rapport avec le monde de la nature ; mais qui plane au-dessus par ses notions abstraites, par le don de l'industrie. Si le cerveau humain est plus bombé au front, c'est pour recevoir les appareils du langage et de l'écriture et pour la mémoire extraordinaire qui doit enregistrer les connaissances humaines. Ce serait une annexe spéciale pour les usages de la pure pensée. Donc l'âme animale peut suivre les vicissitudes de l'essence organique, et l'âme humaine isolée constituer à elle seule le moi, la personnalité. Dans les deux cas on voit que la matière ne fournit aucun élément à la vie, elle ne sert qu'à la rendre sensible, apparente. Le matérialiste façonnerait-il une cellule, il ne pourrait, par là, rendre compte de l'âme humaine caractérisée par la raison qui plane au-dessus du principe de vie. Le principe vital est bien distinct de la pensée car il se concentre dans la vie organique. Enlevez le cerveau à un pigeon et ingurgitez-lui de la nourriture, il continuera à vivre, à digérer. Par une excitation artificielle vous le ferez voler, mais il n'agira pas volontairement, la volonté et la direction manquent, la pensée était emprisonnée dans la portion sympathique du cerveau.

Après l'analyse du système nerveux nous pouvons nous rendre compte des qualités distinctives de l'instinct et de l'âme raisonnable.

Chez l'animal, premièrement, la pensée est limitée par l'instinct et, secondement, elle ne travaille, de sa propre initiative, que sur des images sensationnelles, sans pouvoir les transformer en abstraction. Or l'instinct est automatique : c'est une combinaison de pensées gravées d'avance dans des neurones et qui sont exécutées par les réflexes du grand sympathique, à l'occasion de sensations adventices, appelées à éveiller ces fonctions instinctives. C'est donc l'appareil du grand sympathique qui est mis en jeu par l'essence X. C'est un effet semblable à celui produit par la sensation visuelle des notes de musique sur l'appareil moteur des doigts, quand l'habitude en a perfectionné le mécanisme automatique dans les réflexes. En second lieu l'expérience montre que, avec l'instinct, l'animal a des pensées volontaires à l'usage de ses désirs, de ses passions, toutes éveillées par les sensations sans pouvoir les idéaliser. Elles sont donc l'apanage et le summum des fonctions de l'essence X, du grand sympathique, qui empiète, on le sait, anatomiquement sur le cerveau. Donc quand le principe du corps disparaît à la mort, il est logique que la personnalité de l'animal soit détruite, ses pensées étant uniquement sensationnelles. Tandis que l'homme a acquis des idées pures, abstraites, sursensationnelles, lesquelles ne tiennent au cerveau que par un fil : par exemple, pour les mathématiques, par des signes numériques ; ou par la ligne, pour la géométrie. Nous avons atteint ainsi un nombre infini de connaissances pour lesquelles la cellule ne sert qu'à graver les termes du langage et des souvenirs. Nous pouvons donc, après la dissolution d'avec l'essence X, conserver nos pensées abstraites, notre personnalité consciente, avec une mémoire dégagée des entraves cellulaires qui nous rendent solidaires de notre corps ; ces entraves supprimées, les idées immatérielles doivent prendre leur essor avec notre pensée qui dépasse le fini, en connaît et utilise les lois et pénètre dans le domaine de *l'infini*.

Pour bien saisir la possibilité de l'idée sans sensation, sans langage, il faut relire l'observation de la jeune fille Obrecht (volume précédent) sourde-muette-aveugle, qui, par deux signes, un d'affirmation, un de négation et quelques points de repaires sensationnels, par exemple le fait de toucher des étoffes de plus en plus moelleuses et ornées, pour faire naître l'idée de la gradation des causes, est arrivée, en comparant la gradation des costumes dans la hiérarchie sacerdotale, à l'idée suprême de Dieu et après à la pratique de la prière. Il est évident que, ici, les sensations primordiales du toucher n'ont été que le point d'appui à la pensée pour prendre son vol dans le ciel des pures abstractions, des divines idées.

La loi des sexes prouve l'intervention de Dieu

Toute cellule provient toujours d'une autre cellule, par segmentation ou bourgeonnement dans les organismes, depuis la cellule germe jusqu'aux organes et aux tissus les plus compliqués, qui proviennent tous de cette primitive cellule. Mais pour renouveler les espèces, pour ces cellules germes, il faut l'accouplement de deux cellules, de deux sexes : sauf pour quelques espèces animales rudimentaires, à une seule cellule, qui bénéficient du bourgeonnement et de la segmentation ; tandis que deux autres classes, sur trois à une seule cellule, sont astreintes à l'accouplement.

Cette nécessité du consentement de deux êtres pour reproduire l'espèce, ne nous frappe pas parce que nous la voyons depuis notre enfance, mais n'est-elle pas anormale, anti-naturelle, imposée, voulue, alors qu'il était si simple de produire les espèces par segmentation ou bourgeonnement. Il n'y avait qu'à continuer le mode commencé et l'architecte évitait bien des difficultés, bien des complications ; dont se joue d'ailleurs cet éminent artiste. Le philosophe peut en rechercher la cause mais, ce qui est certain, c'est qu'il n'y a qu'une cause intelligente et volontaire qui ait pu imposer cette nécessité à la matière : les premiers mâles et les premières femelles ne pouvant provenir l'un de l'autre, il a fallu l'intervention créatrice ; et cela dès les premiers jours.

Dans l'échelle des êtres, dans le plan divin les animaux sont au-dessus des plantes et parmi les plantes, au dernier rang, viennent les fougères, les mousses, les champignons et les lichens. La fécondation, d'après l'évolution progressive des êtres, devrait y être à l'état de la plus grande simplicité ; c'est l'opposé.

Dans les prés vous trouverez des champignons qui, à maturité, sont transformés en une poche remplie de poudre noirâtre. Chaque grain de cette poudre contient tous les éléments de la vie du champignon. Il n'y avait donc qu'à le faire germer ; et en effet dans certains cas cela suffit, pour en bien prouver la possibilité. Mais pour prouver aussi la volonté créatrice, dans la plupart des cas, cette poussière, ces spores, sont soumises à la loi de la séparation des sexes et avec des complications extraordinaires.

Ainsi ces forêts primitives de notre globe, ces fougères, ces lycopodes de vingt mètres de hauteur se reproduisaient, comme nos faibles échantillons, par des spores. Mais, au contact du sol humide, la spore de la fougère, au lieu de germer, se gonfle en une masse et l'on voit naître dans son sein, ici la dame qui englue sa porte pour appréhender le passant, là le volage peu pressé qui vogue avec ses rames sur le sol humide.

Donc, dès la création Dieu a voulu la loi des sexes, pour prouver son intervention.

Dans le règne animal, le microbe de la fièvre des marais en est une preuve encore plus étonnante.

Grâce aux expériences du docteur Ross, on sait aujourd'hui que la fièvre paludéenne est occasionnée par la piqûre de moustiques qui apportent dans le sang de l'homme un animal microscopique. Celui-ci se multiplie rapidement en nombre infini par segmentation et pas autrement. Mais, voyez la complication pour revenir à la loi des sexes, et la volonté, la ténacité, d'en infliger l'exécution; la race est condamnée à périr dans les individus atteints; mais le moustique va encore ici jouer son rôle. En suçant le sang du patient il offre dans son estomac le seul lieu favorable au parasite pour se sexualiser, s'accoupler et produire enfin l'animal fécond. Mais celui-ci dans cette seconde patrie ne peut à son tour se multiplier, il traverse alors tous les obstacles, transperce le corps du moustique pour, finalement, atteindre les glandes salivaires et être rejeté, par la piqûre, dans le torrent circulatoire d'un nouveau patient, où il va pulluler par segmentation.

Quelles complications, quel génie de surmonter tous les obstacles pour imposer une loi, une volonté.

Essayez donc ici de faire de l'évolution, de la sélection, avec l'influence du milieu et de l'hérédité. Demandez aux matérialistes de vous résoudre ce problème.

Non, non! Au commencement Dieu créa les animaux mâles et femelles (*Genèse*).

CHAPITRE III

L'instinct

Il faut maintenant faire la distinction de l'instinct et de la raison, car les évolutionnistes veulent faire dériver l'homme de l'animal, la raison de l'instinct.

L'instinct constitue la manière de vivre des animaux, il consiste en un besoin naturel d'agir.

L'observation montre qu'il est uniforme, complet dès la naissance ; qu'il ne progresse, ni ne varie dans ses lignes caractéristiques ; qu'il ne s'acquiert pas ; qu'il s'adapte admirablement au but poursuivi, grâce à des organes parfaitement appropriés.

L'inctint de l'animal est un besoin naturel d'agir, mais en même temps un savoir-faire naturel et une obligation de faire. Tandis que chez l'homme, il n'est dans ses rares manisfestations qu'une simple adaptation à quelques besoins, la raison peut s'en rendre compte et souvent le modifier. L'instinct de l'animal n'est que pratique sans réflexion, tandis que la raison, avant d'être pratique est spéculative. Elle implique une activité consciente, réfléchie, autonome. C'est un instrument universel ; elle enfante ainsi la philosophie, les sciences, les arts, tandis que l'animal, qui ne peut choisir ses moyens (*inter-eligere*) n'a pas l'intelligence artistique ; il n'a pas d'industrie, l'industrie impliquant l'invention.

La raison, elle-même, ne peut atteindre ses perfections qu'à l'aide du langage parlé, dit conceptuel, qui donne le moyen de consigner les abstractions, les idées, de les comparer, de les classer, de les généraliser ; et de les accumuler en les transmettant aux générations successives. Mais, à l'encontre de l'instinct complet de l'animal, dès la naissance, l'homme est obligé de tout apprendre. Car ce qui le distingue de l'animal, c'est qu'il est un être *enseigné*, Il n'a aucune industrie innée qui lui donne des moyens de vivre. Romulus avec une sœur au lieu d'un frère, nourris par une louve, quelle race auraient-ils produits, sans l'expérience de parents et sans le langage ? tandis que l'animal sans apprendre une industrie a été doté des choses indispensables à la vie.

L'homme a donc dans la raison un instrument que ne possède aucun animal le mieux doué : ni le singe, ni le chien, ni l'éléphant ; et jusqu'à ce qu'on leur ait fait éclore l'intelligence humaine, l'invention des outils, il n'est permis à personne, surtout aux savants, aux philosophes, d'assimiler à aucun degré l'animal à l'homme, l'instinct immuable à la raison progressive. L'instinct ne varie, en changeant de milieu, que pour mieux s'adapter à son travail, travail qu'il continue automatiquement, même quand il ne peut plus en remplir le but. Pour nous faire croire qu'un singe ait pu devenir un homme, commencez par lui apprendre à épeler l'alphabet, son larynx est absolument semblable au nôtre. Vouloir assimiler la raison à l'instinct c'est conclure contre l'observation la plus vulgaire et contre la science, s'abîmant dans les profondeurs insondables de la création pour en chasser Dieu.

Il ne faut pas cependant faire de l'animal un somnanbule, un automate. Il est sensible puisqu'il a un système nerveux. D'abord en présence de certaines sensations, il se produit dans le ganglion, dans le cerveau des images qui mettent en jeu les réflexes coordonnés et préétablis en harmonie avec le jeu de chaque instinct, sans que la volonté soit sollicitée. Là est le rôle vraiment automatique de l'instinct pour un état, pour un but obligé. Mais, en plus, l'animal peut être ému comme nous par d'autres sensations, dont les images peuvent être associées dans les cellules cérébrales impressionnées ; produisant ce que l'on peut appeler la conscience spontanée, dont les éléments sont fournis par les sens, connaissance sensitive, et qu'il ne faut pas confondre avec la conscience réfléchie, apanage de l'homme, et avec les sentiments, artistiques, intellectuels, moraux, religieux.

Ainsi peuvent s'expliquer des sensations agréables, désagréables, des passions, tristesse, crainte, haine; de la mémoire; un jugement sommaire déduit de ces images sensationnelles; une certaine volonté qui fait fuir le danger et rechercher le plaisir. Les animaux sont susceptibles d'affection, Dieu leur a confié à tous la perpétuité de son œuvre, laissant tomber sur eux une goutte de sa divine essence, l'amour, et les élevant ainsi jusqu'à lui. Il ne faut jamais les tuer sans nécessité. Dieu leur a donné l'attachement à la vie, une destination, ils sont l'ouvrage parfait de sa sagesse, détournons nos pas du chemin de l'insecte et tendons une paille à la fourmi qui se noie.

L'observation montre donc que les instincts sont parfaits, dès la naissance, pour la destinée de l'animal. Mais ce qui frappe le savant c'est que les organes adaptés à chaque instinct révèlent une intelligence et une prévoyance dans leur construction, dont la profondeur effraie l'imagination. Etudiez seulement l'instrument sonore de la cigale. Si Dieu n'a pas créé ces organes qui donc les a fait ?

Théorie matérialiste

Devant les manifestations d'un art si sublime, les Spencer et les sans-Dieu ne peuvent invoquer le hasard puisqu'il y a une intention formelle. S'il y a une cause volontaire et si ce n'est ni Dieu, ni le hasard, il faut que l'animal se soit lui-même donné ses tendances et y ait approprié ses organes. Ah bien, oui ! plutôt que de reconnaître l'œuvre de Dieu, ces messieurs préfèrent déclarer que c'est l'animal lui-même qui s'est organisé, et la plante aussi, il le faut bien. C'est miraculeux ! Eh non ; la nature a en elle-même cette puissance immanente, oyez le prestige des mots. Comme tout être elle a une période de croissance, de virilité et de décrépitude. Aujourd'hui elle n'enfante plus. Cette puissance occulte qui a produit toutes les merveilles de la nature, le véritable Dieu, c'est la force, nous assure Spencer. Gouvernants, retenez-le bien : le Dieu de miséricorde n'est plus. Mais, direz-vous, la force est fatale, elle ne peut être intelligente ; « c'est bien ce que nous désirons. Il faut que ce soit une poussée inconsciente qui dirige le monde pour nous passer d'un Dieu, d'un maître ; nous le voulons ; il faut que cela soit ; il faut se le dire et se le redire matin et soir comme le *credo.* » La nature si féconde autrefois ne l'a été que d'instinct ; et elle n'est devenue consciente que dans le cerveau de l'homme, et encore il y en a qui en doutent. Oui, il faut croire qu'au commencement tous les êtres, plantes et animaux, ont eu une puissance d'organisation extraordinaire qui leur a fait adapter leurs organes à leurs besoins par leur propre intelligence, par une puissance immanente. Cette intelligence a même présidé au choix de leur existence poussés qu'ils étaient par l'influence du milieu. Mais une fois organisés, classés, répandus dans tous les milieux, les descendants, conservant les habitudes acquises, ont perdu, oublié leurs facultés originelles qui se sont simplement perpétuées à l'état d'instinct.

Voyons ! vous plaisantez. Des hommes sérieux, comme les Darwin, les Spencer, n'ont pas pu dire des insanités pareilles.

Darwin. *La Descendance de l'homme*, IIe partie, chapitre VIII.

« La sélection sexuelle a produit en outre chez les mâles les armes offensives et défensives pour combattre leurs rivaux ; le courage et l'esprit belliqueux dont ils font preuve, les ornements de tout genre qu'ils aiment à étaler, les *organes* qui leur permettent de produire de la musique vocale et instrumentale, les glandes qui répandent des odeurs plus ou moins suaves... »

Les matérialistes ne demanderaient pas mieux que d'éviter ces incohérences, ces mystères. Mais il n'y a pas d'autre moyen pour échapper à la création divine. Car invoquer le hasard est absurde. Il fallait donc donner, une fois pour toutes, l'intelligence et la puissance divine au mouvement ; puis faire enfanter à celui-ci, sans preuve, la cellule et tous les êtres construits avec elle.

Jetez seulement les yeux sur l'atlas où Lacaze-Duthiers a dessiné les divers outils employés par les insectes pour broyer, inciser, perforer, scier : cisailles, poinçons, pinces, tarières, tenailles, meules, scies convexes, etc., pour pénétrer dans le fruit, dans la graine, dans les bois les plus durs, dans la pierre, dans les métaux. Pénétrés d'admiration vous serez obligé d'avouer qu'il n'y a qu'un Dieu qui ait pu prévoir et exécuter des œuvres d'accommodation aussi parfaites, aussi précises, aussi ingénieuses. Si l'animal a fait ça, l'animal est un Dieu qui ne se souvient plus des cieux.

La puissance du Créateur se révèle surtout par la faculté qu'il a mise une fois pour toutes dans les êtres vivants, d'abord de se reproduire et puis, avec le germe, unique facteur, de s'organiser. Il y a mis chez tous des agents invisibles qui exécutent son plan instinctivement, sans rien innover; ce que nous appelons le principe vital. Ainsi quand Darwin (IIe partie, ch. VIII) assure que « les mâles se sont procuré des organes pour découvrir la femelle et la retenir, ou pour l'exciter et la séduire », il faudrait les montrer à l'époque où ils ne jouissaient pas de ces moyens, où ils en produisent de nouveaux.

Autre tour de force

Il ne suffit pas de dire comment les animaux se sont organisés eux-mêmes, ils faut encore savoir d'où ils tirent leur origine. Tout être vient de la cellule et la cellule ne peut végéter et se multiplier que baignée dans un liquide contenant tous les éléments nécessaires à sa construction et à son entretien. Ce liquide est appelé plasma. Or, comme tous les êtres vivants ont des éléments minéraux communs dont la proportion seule varie, le plasma est commum, à un élément près, aux plantes et aux animaux ; il contient, prévoyance sublime du Créateur, tout ce qui leur est nécessaire ; et, chose merveilleuse, chaque élément se renouvelle à mesure qu'il se dépense. Alors pour se passer de Dieu, ce plasma, au lieu de servir à la cellule de magasin à provisions inépuisable, de contenir les germes, c'est lui qui va créer la cellule et avec elle tous les êtres. Ainsi quand une pomme est véreuse, c'est elle qui a produit le petit ver qui la ronge, puisque celui-ci s'y développe et s'en nourrit. On aura beau faire un plasma artificiel on n'y produira jamais l'éclosion d'une vraie cellule ; sauf les grossières contre-façons dont on remplit les journaux ; car la question est capitale pour faire vivre l'évolution qui se meurt, et ne pas faire mentir Spencer qui franchit avec trop de désinvolture l'abîme qui sépare la vie du minéral.

Mais enfin la cellule est créée, comment vont surgir les espèces innombrables qui vont peupler la terre ? Ah ! c'est bien facile. Avec cette même force inconsciente qui, à mesure, construira les organes, la cellule primitive se divisera en deux cellules, se *différenciera* pour se doubler, quadrupler et ainsi de suite, s'organisant pour s'accommoder par *sélection* aux divers milieux, aux divers éléments qui favoriseront son existence. Ainsi dans cet océan primitif qui recouvrait la terre ; avec la même température d'un pôle à l'autre ; sur les fonds et les rivages des mêmes terrains primitifs; dans ce milieu homogène, s'il en fut, vont cependant se *différencier* tous les représentants des diverses classes d'animaux, deux ordres de végétaux sur trois. Et vous ne croirez pas au miracle! Admirez la puissance des mots. C'est par une simple *sélection* et *différenciation* que se sont produits par leur propre énergie tous ces êtres. Vous ne nierez pas qu'ils *diffèrent* les uns des autres; qu'ils ont requis un *choix* très savant d'adaptation. Donc, vous voyez bien, que c'est la différenciation et la sélection qui les a faits.

Parce que Dieu a construit tous les êtres sur un plan dont l'unité anatomique, constatée par la science, révèle l'unité de l'auteur et que, par des modifications successives et variées, il a dessiné la forme de tous les êtres, en partant du type cellule, pour chasser Dieu, il faut que la cellule se soit elle-même diversifiée, pour créer tous les êtres et les adapter à tous les milieux.

Mais la cellule existe toujours et jamais l'homme ne lui a rien vu créer, tout vient d'un germe et ce germe d'un autre germe, la cellule elle-même pour se multiplier est obligée de se sexualiser. Or l'on ne peut faire féconder ensemble deux germes bien distincts (mettons ceux de deux genres, car on a trop multiplié les espèces); alors, jusqu'à preuve du contraire, il faut admettre autant de types primitifs qu'il y a de germes irréductibles, autant de créations; et l'évolution devient un paradoxe qui répugne à la cience d'observation.

Pourquoi Dieu ne se plairait-il pas à réaliser successivement ses pensées ; pourquoi ne travaillerait-il pas actuellement sous d'autres cieux?

Jean V, 7. — Mon père ne cesse d'agir

L'évolution est basée sur quatre erreurs : 1° la sélection naturelle ; 2° l'hérédité ; 3° l'habitude ; 4° la lutte pour l'existence.

1° La sélection naturelle, c'est-à-dire le passage par filiation d'une espèce à une autre, n'existe pas actuellement et il n'y a aucune preuve qu'elle ait existé dans le passé ; vu que les cinq ordres d'animaux sont contemporains dans les premiers terrains (1) et qu'entre familles il y a des lacunes énormes que ne comblent pas les fossiles.

Le plan anatomique seul, partant de la cellule, est admirable d'unité, quoique basé sur des types primordiaux qu'on peut réduire à deux : la ligne droite et la courbe. En ce sens, en effet, il y a gradation successive jusqu'à l'homme, et le véritable précurseur de l'homme c'est le singe.

On a abusé du fait de la sélection artificielle, qui est l'œuvre intelligente, persévérante de l'homme, pour en induire que c'est par ce procédé qu'au commencement la nature a passé d'une espèce à l'autre pour peupler la terre. Mais pour faire la plus petite variété et la maintenir, il faut un choix très sagace

1. Le globuleux, cellulaire. Le rayonné. Le recourbé, mollusques. L'articulé. Le vertébré.

des reproducteurs. Demandez aux Anglais le nombre de générations surveillées avec le plus grand soin dans la sélection des mâles et des femelles pour arriver à produire leurs célèbres races de bœufs, de chevaux, de chiens et de pigeons, et toute la sollicitude qu'il faut pour les maintenir. Il en est de même pour la beauté des fleurs et des fruits. On sait que les espèces célèbres des poires et des pommes finissent par disparaître, devenues, malgré tous les soins, la proie des parasites.

La sélection artificielle est donc constamment contrariée par la nature, comment admettre alors que, dans les temps primitifs, cette même nature ait employé ce procédé. Non la sélection artificielle n'existe que par le génie de l'homme. Dieu, pour lui seul et pour couronner son travail, a donné à ses œuvres une fécondité et une variété exceptionnelles. Si les espèces découlaient naturellement les unes des autres, l'obligation des sexes, ne pouvant qu'être une complication inutile et une difficulté, ne se comprendrait pas. Car la nature épargne ses procédés et pratique le plus court moyen ; elle le prouve en mécanique.

2° L'hérédité, de quelque maladie ou de quelque anomalie que ce soit, ne se transmet jamais intégralement pour former une race : folie, cancer, tubercule ne sont pas essentiellement héréditaires sur les multiples descendants. Le génie du peintre, du musicien, du poète, de l'inventeur, de l'astronome ne se transmet pas même au fils. Le fils aime rarement la profession de son père. L'atavisme permanent n'existe donc pas et l'hérédité spécifique permanente est une exagération qui n'a aucun exemple actuel.

3° On peut en dire autant de l'habitude.

4° Quant à la disparition des faibles par les forts dans la suite des siècles, il y a longtemps que les faibles auraient disparu et à leur suite les forts qui en vivent, si la Providence, dont on ne peut nier l'intervention dans ce cas-là, ne maintenait, par un prodige d'équilibre, les uns et les autres, en multipliant les faibles là où les forts pourraient avoir le dessus, ou en diminuant le nombre des premiers. Quant au combat en vue de la reproduction, il est utile pour conserver la beauté et l'intégrité des espèces.

L'évolutionnisme est donc un roman sans preuves qui ne doit son succès qu'à ce qu'il éloigne Dieu et porte atteinte à sa Providence.

De quelques habitudes permanentes produites par la sélection artificielle il ne faut pas conclure à la sélection naturelle. Ainsi le cheval trotte, le chien arrête d'instinct : soit ; mais l'éducation a été faite au début par l'homme, avec le mors pour le cheval, avec le collier de force pour le chien. Or les chevaux importés en Amérique et rendus à l'état sauvage ont besoin d'être dressés de nouveau et il est souvent nécessaire de refaire au jeune chien d'arrêt son éducation en le tenant en laisse et arrêtant son impétuosité par les grifles du collier : on n'a donc pas créé une habitude permanente. Mais qu'est-ce que ces légères modifications à côté des caractères distinctifs de l'homme et du singe. On cite comme gradation les idiots, les sauvages. Les idiots sont des avortons et tout fils de sauvage peut être civilisé et conduit, dès l'âge de raison, aux sentiments les plus élevés : la prière, l'idée de Dieu.

En finissant, je prendrai à témoin Darwin lui-même. Il cite comme une chose merveilleuse que le fœtus du chien, du phoque, de la chauve-souris, du reptile et de l'homme se distinguent à peine les uns des autres au premier abord (*Descendance de l'homme*, Ire partie, ch. I). Il ne voit pas que ce fait met à néant sa théorie de la sélection. Car si, par exception et par des causes anormales, la sélection naturelle peut avoir lieu sur une espèce, pour en faire une variété, c'est insensé de penser qu'elle s'est produite dès l'œuf pour envoyer les enfants d'une même souche : l'un avec des jambes courir après le lapin, l'autre avec des nageoires plonger dans la mer, le troisième avec des ailes voler au crépuscule ; le quatrième condamné à ramper et l'homme enfin, c'est vrai, trop voisin du reptile, envahissant tout le globe.

Des édifices si variés, si dissemblables, si ingénieux, tirés tous d'un même modèle prouvent avec certitude que c'est le même génie qui les a faits. C'est le même aussi qui a fait tous les bourgeons, toutes les fleurs, tous les fruits, toutes les graines sur un seul modèle, la feuille : Unité d'action, unité d'auteur.

CHAPITRE IV

Facultés divines
Celles qui sont naturellement connues

L'étude de la matière la montre impuissante par elle-même, esclave d'une volonté supérieure qui lui impose ses liens et la force à faire œuvre utile. Cet être suprême l'a même assujettie à l'homme dans une mesure suffisante pour que celui-ci, comblé de ses dons, soit obligé de se reconnaître son vassal, pour que Dieu ne puisse lui être un étranger, un indifférent. L'étude de la vie nous révèle un monde d'agents insaisissables, invisibles, au moyen desquels tous les êtres vivants ont été organisés. Elle nous prouve que les causes surnaturelles existent et que la cause première du monde ne peut qu'être surnaturelle et immatérielle, comme l'étude de la matière le faisait pressentir.

Passant à l'étude de notre âme pensante, nous pouvons d'abord préjuger des qualités divines par celles que l'auteur de la nature y a mises. Ainsi par notre intelligence, seuls des animaux, nous avons le pouvoir d'agir sur la matière pour créer des œuvres magnifiques ; il nous fait donc participer à sa puissance. Par notre raison nous embrassons les œuvres de Dieu, depuis les astres jusqu'aux microbes, nous en pénétrons la constitution intime, sa volonté est donc de se faire connaître par ses œuvres. Il nous fait ainsi participer à ses deux plus grandes facultés, sa puissance et sa science. Pourquoi ? N'est-ce pas pour se faire connaître à nous seuls sur cette terre, pour exciter notre admiration, pour élever notre âme, pour nous rapprocher de lui, pour nous prouver qu'il s'occupe de nous.

S'il ne l'eût pas voulu, il n'avait qu'à nous laisser dans l'instinct, comme les autres animaux, à ne pas nous inspirer de l'implorer par la prière, la plus étonnante manifestation d'un instinct supérieur, commun à tous les hommes, à tous les peuples ; il ne fallait pas nous donner ainsi la conviction du surnaturel, bien avant que la science ne l'eût prouvé à quelques privilégiés. La science nous ramène à ce lieu commun chanté par tous les peuples : Les Cieux nous racontent la Gloire de Dieu.

Mais l'examen intime de notre être, ne nous dévoile-t-il que la science et la puissance de Dieu ? Les qualités morales qu'il a mises en nous, *la notion du bien*, toutes les facultés qui élèvent notre âme nous sont bien aussi données par Dieu ; la bonté, la miséricorde, le dévouement, l'amour, nous feraient plus grands que lui, si leur source n'était en lui.

Dieu, l'être complet, parfait, est donc la souveraine bonté, l'amour suprême. S'il a des qualités inconnues de l'homme, il a au moins toutes celles qui constituent ses perfections et qui l'ennoblissent ; voilà ce que la raison prévoit. Elle nous dit ce que Dieu doit être, mais elle ne peut nous le montrer tel qu'il est.

Si Dieu nous dit son nom, pourquoi se cache-il? il ne se cache pas. S'il ne veut être vu ni touché de nos sens, il se fait entendre directement dans le sanctuaire que nous appelons la conscience.

La Conscience. — Quand l'homme veut approfondir le problème de son existence intime, des ressorts qui agissent sur sa vie, il trouve l'unité de sa personnalité représentée par la volonté et éclairée par la raison. Devant lui et l'environnant de toutes parts, est la multitude des causes qui impressionnent sa sensibilité dans la joie ou dans la peine. Il pense, il sent ; et il réfléchit qu'il n'est pas maître de sa sensibilité ; qu'elle lui est imposée et qu'elle est le grand excitant de sa volonté vers la joie. Le créateur l'a donc constitué pour chercher la satisfaction, le bonheur. Il a cela en partage avec tous les animaux ; mais là où il en diffère, c'est qu'au lieu d'aller directement vers ce but, par une seule impulsion instinctive, lui en subit deux : le bien qu'il faut suivre pour avoir la paix de l'âme quoique souvent accompagné de peine, le mal qu'il faut éviter malgré l'attrait du plaisir.

La volonté n'est pas libre d'éviter de faire un choix entre ces deux tendances. Elle ne peut faire un pas dans la vie sans consulter le code inscrit dans sa conscience qui lui indique clairement le devoir.

Que les passions réussissent à troubler la raison par l'erreur ou le sophisme, il reste toujours des distinctions fondamentales sur bien des points. Nul de sang-froid n'approuvera le meurtre, ou le vol, ou la diffamation, ou le viol ; l'homme de tous les pays et de tous les temps a toujours eu son code du bien et du mal, quelle que soit la manière dont il l'interprète. Il y a toujours pour les hommes des actes mauvais : il y a un point d'honneur même dans les bagnes.

Mais de même que le goût répugne aux mauvaises saveurs, l'odorat aux mauvaises odeurs, la conscience devrait naturellement répugner aux mauvaises actions. Il ne devrait y avoir qu'une tendance, celle du bien. Mais l'homme est incliné au mal : la nature, les sens, les passions, se coalisent pour donner de la saveur au mal : l'orgueil, la chair, la cupidité. Il y a là un attrait qui dit oui quand la concience dit non. Car en continuant d'étudier notre vie intime, l'âme ne s'y trouve pas seule. Il y a une voix qui la met en garde contre le mal, qui la conseille, qui la dirige. En face, l'âme trouve le plaideur du mal avec l'erreur et le sophisme. La vie intime est un colloque à trois où la volonté est sollicitée par deux hôtes dont les intérêts sont opposés.

Pourquoi cette opposition, pourquoi cette double impulsion ? La vie devient donc un combat de par la loi de Dieu. La preuve qu'il commande le bien c'est qu'il le récompense par la vraie satisfaction et qu'il a placé le remords derrière l'attrait du plaisir. Quand on suit avec attention l'enchaînement des événements, il est rare de ne pas trouver la voie par laquelle l'homme va du succès dans le mal au malheur final et de constater que tôt ou tard, la vertu est récompensée. Il y a là une loi divine ; qui la nie n'est pas un observateur, ou c'est un sophiste intéressé à la nier. Rien ne vient de rien. Or l'acte suprême de la raison, c'est la conscience donc c'est Dieu qui parle dans la conscience ; c'est lui qui y met le code de ses commandements. Nous verrons par quels arguments misérables, les matérialistes éludent cette conséquence. Est-il donc personnellement dans chaque conscience ? Qui le sait ? Qui peut limiter sa puissance ? L'énergie de la matière n'est-elle pas en travail constant dans chaque parcelle de matière brute ou vivante depuis le commencement des mondes. Celui qui a donné une puissance pareille à son œuvre peut bien simultanément impressionner chaque conscience. La philosophie ne dit-elle pas que les essences immatérielles n'ayant pas d'étendue, il est impossible de leur assigner des limites corporelles, naturelles, essentielles.

Concluons : Si Dieu est invisible, il se révèle dans la conscience.

Mais ici l'homme se trouve en face d'autres inconnues et les portes par où entre le doute sont nombreuses :

1° Quel est le plaideur du mal ? Comme Dieu il est insaisissable. Alors n'en connaissant ni l'origine ni la nature, et succombant à l'attrait du plaisir, l'homme embrasse l'erreur et finit par troubler la distinction du bien et du mal. Quand le malheur arrive il en méconnaît la cause et blasphème contre la Providence divine. Pour se sauver et pour rester dans la réalité de l'observation, il faut admettre le démon, comme il faut accepter Dieu. Pour qui s'observe, l'esprit du mal avec ses ruses et ses tentations est nuit et jour l'hôte malfaisant de notre âme.

2° L'homme trouve que la satisfaction de la conscience ne lui procure pas un bonheur égal à l'idéal que Dieu a mis dans son intelligence. L'intensité de bonheur que nous concevons n'est jamais réalisé sur cette terre ; il y là une lacune. D'autre part, il est rare de trouver le méchant assez puni : Si Dieu nous donne la soif d'un bonheur impossible dans cette vie, si l'idée de justice qu'il a mise en nous ne s'y trouve pas satisfaite contre le malfaiteur, cela ne concorde-t-il pas avec cette autre idée qui a existé chez tous les peuples, la survivance de l'âme pour une équitable rétribution ?

3° La soif de connaître Dieu n'est pas satisfaite par sa révélation dans la conscience ; quand les passions dominent, cette vision se trouble. L'homme veut et il lui faut une révélation plus complète, il ne sera satisfait et convaincu que quand il verra Dieu face à face. Mais si nous pouvions le voir sur cette terre avec la conviction des sens, le choix entre le bien et le mal ne serait plus possible. Dieu étant le bien et le maître, sous peine d'avoir perdu la raison, nous accomplirions tous ses commandements. Le choix entre le bien et le mal ne serait plus possible s'il n'y avait plus de libre arbitre ni de mérite. Tandis qu'avec le voile qui le recouvre, son opposé, le tentateur peut mettre en jeu l'erreur, cette faculté de s'éloigner de la vérité qui rend possible le sophisme et nous permet de suivre l'attrait du mal dès que la libre volonté a fermé volontairement les yeux aux commandements de la conscience, à la vérité.

Conclusion : Cette lutte incessante de toute la vie ; la somme des maux qui accablent l'homme de bien, l'impunité apparente du malfaiteur ; ces causes, en face des notions innées de la justice divine et de la persistance de la personnalité après la mort, ont conduit tous les peuples à associer la notion du bien et du mal à celle des récompenses et des punitions dans une autre vie.

Voilà le drame de l'homme.

Quand la volonté est droite il reconnaît Dieu sous son voile, avec toutes ses qualités. Il accepte dans son cœur tous ses commandements. Il le reconnaît pour le Dieu de bonté et d'amour. Quand la volonté embrasse le mal, il fait appel au sophisme qui lui permet l'erreur et l'évidence du bien se trouve troublée dans la conscience.

. . . .

Pour calmer sa conscience bourrelée, le sophiste met encore en doute que ce soit Dieu qui la dirige : Dieu ne s'occupe pas de nous.

Puis l'argument matérialiste : Dieu n'existe pas puisqu'il ne se montre pas. Son œuvre seule se manifestant, il n'y a rien au delà de la nature.

Mais si la conscience continue à crier, soit ; le devoir existe, mais l'honnête homme n'a pas besoin d'épouvantail ni de récompenses pour l'accomplir ; l'honneur seul suffit. Alors il n'y a plus rien au delà de l'homme ; l'homme est Dieu ; jusqu'au jour où son orgueil brisé lui montre où l'a conduit sa conscience sans guide surhumain en face de l'intérêt et des passions. La caractéristique d'une mauvaise conscience c'est un scrupule exagéré pour les défauts qui ne nous atteignent pas et une faiblesse extrême pour ceux qui nous conduisent à l'indignité et à l'aveuglement jusqu'au crime ; et cela se fait dans le sommeil de la conscience mille fois provoqué, dont le réveil ne se fait que par la preuve du mal comsommé, mais irréparable, le malheur. Une conscience qui ne se reproche rien est une conscience aveuglée.

Les matérialistes remplacent la conscience par le sens moral

Les efforts du matérialisme ne se sont pas bornés à nous prouver notre origine animale, à faire de nous des instinctifs perfectionnés ; ils ont voulu prouver que la plus sublime de nos qualités, la notion du devoir, a aussi son origine dans l'animalité, et que Dieu n'a rien à y voir. Darwin s'est prêté à cette dégradation, à cette ignominie. Il soutient en quelques pages, par des arguments pitoyables, par des preuves inacceptables, que les animaux vivant en société exagèrent la sympathie au point de se dévouer au bien général de la tribu, d'où est né l'altruisme. Il faut que l'égoïsme de l'homme ait bien déteint sur nos animaux domestiques et sur les oiseaux de basse-cour pour qu'ils se prêtent si peu à cette thèse qui étonnerait bien nos paysans.

A part les jours où le besoin de la reproduction et l'élevage ne la famille porte l'animal vers sa femelle, prévoyance divine pour la conservation des espèces, le reste du temps l'animal vit pour lui. Un coq sacrifiera volontiers un grain de mil pour sa poule préférée, mais survienne un autre coq ! J'avais deux paons, le père et le fils. Quand je revins à la campagne, au printemps, le fils devenu plus fort avait éborgné son père en l'écartant de la distribution des grains et le père était mort de faim par l'incurie du fermier.

Il faut donc aborder la thèse évolutionniste sur ce qu'ils appellent le sens moral, c'est-à-dire la conscience sans Dieu, le devoir remontant à une origine animale. Cette question est très grave, capitale, je m'arrête. Je dois faire ma confession. Malade, j'ai subi mon baccalauréat sans avoir fait l'année de philosophie ; étudiant, j'ai passé à côté de Proudhon sans enthousiasme, y ayant acquis cependant la conviction qu'avec trois ou quatre expressions ambiguës on pouvait bouleverser le monde. Depuis j'ai eu une répulsion imméritée, je l'avoue, pour les hautes régions philosophiques. où la raison risque trop souvent de trébucher au tournant du sophisme. C'est si loin du terre-à-terre scentifique qu'il est difficile de pratiquer en même temps ces deux procédés de notre raison. L'expansion de l'étude des sciences d'observation des faits sensibles nous a fait perdre cette force d'abstraction que possédaient nos pères, surtout au moyen âge ; et les peuples, aujourd'hui éloignés des pensées élevées, sont sans armes contre les sophistes lorsqu'on ne les nourrit que de science. Nos maîtres le savent bien et le mot d'ordre est bien exécuté par l'école sans Dieu.

Le point capital dans la vie, c'est la question du

devoir. Quel est le code qui doit diriger la conscience vers notre destinée. Dieu n'existe plus, notre âme meurt avec le corps ; où se trouve la sanction du devoir ? S'il n'y a plus de devoir envers Dieu, si l'on peut passer légèrement sur les devoirs envers soi-même, on ne peut éviter les devoirs envers le prochain, envers la société. Ce serait une grande victoire pour l'athéisme si les évolutionnistes pouvaient tirer leur origine de l'instinct animal pour passer de l'animal au minéral, du minéral au mouvement, seul Dieu du monde d'après le grand prophète Spencer.

La raison de l'homme dérivant de celle du singe, l'édifice serait homogène, depuis l'atome jusqu'aux plus belles facultés de l'homme, sous le règne de la force et de la fatalité. Couronnons-nous de roses...

Ici je me sens impuissant pour développer le thème philosophique et je renvoie, avec la réfutation critique à l'appui, à un petit traité de philosophie, conforme aux derniers programmes des baccalauréats classique et moderne par le professeur *G. Sortais*, Lethielleux, rue Cassette, 10.

Le lecteur y trouvera un guide admirable de précision, de clarté, d'impartialité, de vérité résumant en quelques mots toutes les questions philosophiques et sociales qui aujourd'hui tourmentent notre pauvre raison, tournant à tous les vents C'est un livre de chevet.

Voici le résumé de la thèse des évolutionnistes sur

la nature et l'origine de la conscience morale, fait par le professeur Sortais.

C. — *L'évolution et l'hérédité*

« D'après Darwin et Spencer la *genèse* des idées morales est celle-ci ; sa prétention est de constituer une *morale scientifique.*

« D'après Darwin le *sens moral* existe déjà à l'état rudimentaire chez l'animal. Il a son origine dans les aptitudes sociales de certaines espèces. Cet instinct de sociabilité, cette sympathie plus ou moins confuse leur fait trouver plaisir et avantage dans la compagnie de leurs pareils ; de là vient la tendance à se rendre de mutuels services. Cette tendance *altruiste* et spécifique s'est accrue peu à peu et s'est opposée à la tendance égoïste et individuelle. C'est une conséquence particulière de la loi générale de l'adaptation de l'être à son milieu, car ces espèces animales, faites pour vivre en société, ne peuvent être heureuses qu'à la condition de s'adapter de mieux en mieux au milieu social. » Où sont les animaux qui depuis Pline et Aristote ont amélioré leur état social ? quels rêves ! Mais l'altruisme est né de l'animal, ce qu'il fallait démontrer. « L'homme descendant de ces animaux en a reçu cet instinct moral, encore rudimentaire et grossier, il a été perfectionné à travers les générations successives et transmis par hérédité. »

Oui, toujours le temps, beaucoup de temps, les

siècles, l'atavisme, l'hérédité. Comment nos nègres, nos sauvages modernes aussi anciens que nos ancêtres, ont-ils hérité d'une morale si peu en rapport avec la morale incorruptible du Christ; pourquoi d'autre part nos singes, vieux descendants de ceux de Pline en ont-ils encore une aussi pitoyable. Quelle passion de se passer de Dieu et d'être l'agent de la fatalité. Voici comment l'homme tient par hérédité sa morale de celle du singe,

« Chez l'animal cette tendance altruiste n'était que l'effet de la recherche du plaisir et de l'activité spontanée. *L'activité réfléchie* de l'homme va la transformer en recherche voulue du plus grand bonheur possible, non seulement en vue d'un bien propre, mais aussi en vue du bien des autres qui en est *inséparable*.

Inséparable ! Oui, en métaphysique, en théorie, sublime idée, émanation divine, réalisée en Jésus-Christ. Mais en pratique ! Vous l'avez assez dit, naïf Darwin, il y a, le plus naturellement du monde, la lutte pour l'existence. Mais voici qui dépasse tout paradoxe.

« L'altruisme se transformera même en amour de la vertu, du bien voulu pour lui-même. Cette métamorphose s'explique comme le sentiment de l'avarice. La passion de l'or est d'abord la passion du plaisir qu'il peut procurer. L'or est aimé comme un moyen pour arriver à une fin ; mais peu à peu les idées de moyen et de fin se confondent ; ce qui est désiré comme moyen est désiré comme but. On en vient à aimer l'or pour lui-même, sans se souvenir de sa destination : c'est l'avarice. »

Oui la plus longue et la plus absorbante des passions qui aveuglent l'homme, c'est l'avarice ; tandis que la vertu est un effort de la raison pour surmonter les passions. Si quelques rares âmes d'élite, après de longs efforts, déploient une énergie qui peut devenir habituelle, le commun des mortels subit une lutte perpétuelle entre les deux tendances du mal et du bien. L'avarice est l'exagération de l'égoïsme qui nous est naturel et à qui la raison n'impose plus de frein ; le devoir c'est son contraire. C'est une gageure contre le bon sens que de vouloir assimiler la vertu à l'égoïsme.

Suite : « Ainsi en est-il de la vertu, c'est d'abord un moyen pour arriver au bonheur ; puis peu à peu on perd de vue cette considération intéressée, et on finit par rechercher la vertu pour elle-même, sans plus songer à son côté utilitaire. Cette transformation qui s'opère lentement et insensiblement est favorisée par les louanges et les récompenses que toute société accorde à ceux qui agissent dans l'intérêt du bien public : (les rosières, le prix Monthyon ; elle en accorde de plus recherchées aux fripons parvenus). « C'est ce qui rend de plus en plus profonde la croyance que le bonheur des autres est une condition nécessaire du nôtre ; qu'il y a étroite solidarité entre le bien individuel et le bien général.

C'est pourquoi il vient un moment où les tendances altruistes l'emportent sur les sentiments égoïstes. Arrivé là, l'homme croit qu'il s'oublie et se dévoue aux autres, mais en réalité c'est l'égoïsme latent. (Donc pure animalité ; ce qu'il fallait démontrer.)

« Le devoir consiste à faire triompher les tendances altruistes et spécifiques. La conscience morale est la conscience de cette tendance que nous finissons par prendre pour une nécessité absolue, indépendante de toute condition, oublieux que nous sommes de son origine. Au fond ce n'est qu'une acquisition lente de l'espèce, que l'*habitude a fixée et que l'hérédité transmet*. Actuellement c'est un *sens*, ou un *instinct héréditaire*. La satisfaction ou la non-satisfaction de cette tendance naturelle constitue les plaisirs ou les peines de la conscience. » Dieu n'y a plus de part, on peut donc ne plus le craindre. « L'individu s'adaptera de mieux en mieux à son *milieu* et à l'organisme social, l'altruisme deviendra de plus en plus puissant. Aussi un jour le premier terme de la formule du devoir, que nous dicte la conscience : vis pour toi et pour les autres, disparaîtra pour faire place à l'altruisme pur, but suprême de l'évolution. Ce sera le triomphe des tendances de l'individu : vis pour les autres. »

Oh ! que c'est beau, Jésus a dit tu aimeras ton prochain comme toi-même ; le voilà surpassé ; tu aimeras ton prochain plus que toi-même. Cette réthorique couverte de fleurs, ne cacherait-elle pas quelque vipère socialiste ? Oui, naïf élève de l'école sans Dieu, prépare toi à faire abnégation de ta personnalité. Molécule sociale, d'après la théorie socialiste, tu dois rapporter ton bonheur à celui des aigrefins qui t'attachent à la glèbe. C'est leur droit. Ce sont les intellectuels, les surhommes qui vont faire avancer la science pour le bonheur général. Si tu souffres peu importe, vis pour les autres ; c'est pour le bien futur de l'humanité. Prépare pour tout le monde le paradis d'un siècle, hélas ! bien éloigné. Il existe déjà pour tes maîtres : les budgétivores, les bureaucrates, les chefs occultes qui nous gouvernent et qui veulent dominer tous les peuples.

Cet exposé se passe de commentaire. Cependant si vous voulez une réfutation scientifique, lisez l'auteur cité. En terminant cueillons une perle.

M. Maloine, que je ne saurai assez remercier d'avoir eu le courage d'éditer mes deux livres devant sa nombreuse clientèle matérialiste, m'envoya le volume de Darwin d'occasion, mais vraiment neuf. Il n'était coupé que jusqu'à la page 105. Intrigué, je voulus savoir pourquoi mon prédécesseur s'était arrêté là et s'était défait de la bible contemporaine. La page 105 se termine ainsi :

« Si les hommes se reproduisaient dans des conditions identiques à celles des abeilles, il n'est pas douteux que nos femelles non mariées, de même que les abeilles ouvrières, considéreraient comme un devoir sacré de tuer leurs frères, et que les mères chercheraient à détruire leurs filles fécondes, sans que personne songeât à intervenir. » Voilà une vraie origine bestiale du sens moral. C'est la théorie de l'anarchiste qui se donne le droit de supprimer tous les obstacles qui s'opposent au développement de son énergie.

Avec cette rage d'éloigner Dieu de notre conscience, d'en éteindre la notion, les insensés qui nous gouvernent et qui croient par ce moyen asservir les peuples en les abrutissant dans le culte des sens, nous forment une génération dont les appétits et la luxure n'ayant plus de frein vont produire la révolution la plus épouvantable que les siècles aient jamais vue. Ce sera la revanche de Dieu. Déjà à douze ans, quatorze ans, dans nos campagnes les enfants quittent la maison paternelle pour se louer et manger dans la débauche l'argent gagné. Les ouvriers arrogants, envers leur patron n'ont que l'injure et la haine à la bouche. Ni amour filial, ni amour de la patrie, ni amitié, ni respect et amour de la femme ; pas un sentiment, pas une idée élevée ; tout aux sens, à la matière et à la soif de l'argent. Le vote pour quarante sous, la liberté pour une place. La servitude volontaire voilà l'idéal maçonnique atteint ; l'homme isolé de tout attachement, de toute affection, de toute famille, sans patrie, en face de ses appétits et à la merci d'un pouvoir où la seule liberté est de mourir de faim. Le plus pauvre paysan dans sa chaumière et son maigre domaine est roi; il n'en faut plus. Il faut d'abord l'ameuter contre le château; après on lui dira que la terre doit être à l'Etat suivant le principe socialiste et le tour sera joué, de quel droit se plaindrait-il? Tous salariés et à la merci de l'Etat, avec *la loi* cette forme hypocrite de la force, pour remplacer Dieu.

Voilà où conduit le culte de la morale sans Dieu; à l'altruisme, fausse interprétation de la conscience qui ne peut être basée que sur la crainte de Dieu. Ici la morale est féconde, partout ailleurs elle est stérile.

Pour caractériser les produits de la morale sans Dieu, je ne puis mieux faire que de citer deux pages des *Lycéennes* de G. Réval: c'est pris sur le vif.

Profession de Foi

Me trouvez-vous meilleure? Je ne vous le promets pas. L'étude nous avertit trop bien des nécessités et des réalités de la vie pour nous laisser longtemps l'illusion de la perfectibilité humaine. Que de beaux rêves religieux et philosophiques ont passé sur le monde, et quelle tristesse de voir que l'*honnête* et le *juste* ne sont souvent, ici-bas, qu'une apparence et rien de plus.

Et pourtant depuis que je suis née, on me parle d'idéal, de droiture impérieuse, d'énergie vouée au devoir; de belles paroles ont exalté ce qu'il y a de plus fier dans mon âme! et tous nous fûmes ainsi, ceux-mêmes qui vécurent mille et mille ans avant nous. On nous enseigne la vertu, et quand il s'agit de vivre, nous ne sommes plus que des êtres mesquins, complaisants pour nous-mêmes, indifférents aux autres. La souffrance qui frappe notre frère nous réjouit ; et son bonheur nous afflige. Car enfin, c'est cela la vie, même pour les honnêtes gens ! Tout se ramène donc ici-bas à l'égoïsme triomphant.

Alors quel est le pouvoir de l'éducation, si elle est impuissante à nous agrandir et à nous purifier ? A peine a-t-elle la force d'une habitude imposée, et au lieu de nous lancer en avant, vers cette cité stoïque qu'un généreux esprit nous montra et d'où serait bannie la conscience qui capitule, l'éducation peut à peine, comme une force inerte, empêcher notre retour effréné aux instincts de la bête humaine.

Oui, mille fois oui, Mlle Sylvia, ma maîtresse en est l'exemple probant. A quoi cela lui sert-il d'enseigner la morale et la philosophie ? elle est dans sa vie, l'ennemie naturelle de la vertu. L'éducation est un réactif impuissant, dans ces terribles combinaisons de sels que sont nos passions, nos instincts, notre intérêt. »

Cela est vrai, même avec la crainte de Dieu, il faut, dès les premiers ans, nous habituer à l'examen de conscience, à reconnaître les tendances actuelles ; ce qui est plus difficile qu'on ne croit, illusionnés par les passions. Un conseil éclairé est presque toujours indispensable ; d'où le bienfait de la confession. Alors, avec le repentir avoué, Dieu donne la force et la prudence. Il n'y a pas d'autre moyen pour arriver à la perfection. Et vous savez bien que ces modèles existent dans notre religion. Ils sont si communs que lorsque l'un de nous chute d'une manière flagrante, quand un prêtre manque seulement un peu à la charité, vous allez tout droit à l'indignation. Tandis que vous avez une complaisance extrême pour les défauts de ceux qui pensent comme vous, avec la conviction qu'une morale sèche est impuissante.

La morale catholique seule ouvre le cœur contre l'égoïsme, les protestants eux-mêmes ne savent pas vaincre la chair ou l'amour des richesses. Que sont leurs missionnaires mariés et rentés auprès des nôtres. La générosité des catholiques a couvert la France d'écoles, d'institutions charitables et de dons aux églises qui ont tenté la cupidité de nos maîtres et qui se chiffrent par milliards. Que valent les principes de vos philosophes chéris en face de leurs bonnes œuvres personnelles.

Montrez, parmi eux, un saint Vincent de Paul, étonnant le XVIe siècle, la cour d'Henri IV et de Louis XIII par sa dévorante charité. Pris par des pirates et esclave à Tunis d'un rénégat italien, il le convertit et se sauve avec lui. Il sert d'intermédiaire entre le pape et Henri IV. Aumônier de Marguerite de Valois, précepteur des enfants de Gondi, comte de Joigny, insensible aux séductions de la cour, il fonde des frères prêcheurs pour les pauvres paysans et l'inimitable institution des filles de la Charité. Il est nommé aumônier général des galères du roi pour son zèle à améliorer le sort des galériens, pour lesquels il fonda un hôpital. Il fonde des asiles pour les enfants trouvés ; secondé par des anonymes généreux et le zèle de saintes femmes, il fonde encore à Paris deux grands hospices pour les vieillards : la Salpêtrière et celui du Nom de Jésus. Il s'occupe des aliénés et des jeunes détenus. Pendant la guerre de la Fronde, la misère des campagnes et la famine sont générales, il vient au secours de tous les malheureux, les mains toujours pleines de dons anonymes ; inventant des placards répandus dans toute la France pour faire appel à la charité ; et cela pendant soixante ans d'une vie sans tache. Il fut réellement le créateur de l'assistance publique sans réclamer aucune subvention au gouvernement. Il mérita bien le titre qui lui fut donné de Père de la Patrie : Quel est l'auteur classique qui le mentionne ? L'enthousiasme qu'il provoquerait serait du délire s'il eût été païen ou libre-penseur. Tandis qu'aucun pédagogue ne soupçonne sa vie merveilleuse ni celle des milliers de héros chrétiens qui lui succèdent depuis deux cent cinquante ans.

Mais quand nos ennemis sont malades ils vont aux frères de Saint-Jean de Dieu, ils attachent à leur personne une religieuse. Quand l'infirmière laïque recule devant l'épidémie c'est la religieuse qui s'avance. Mais le mari et les parents de la laïque, qui coûte quatre fois plus cher, doivent voter pour le gouvernement, d'où la préférence.

Socrate, Sénèque, Epictète que l'on se complaît à opposer à nos saints catholiques en ont-ils eu les mœurs ?

Pour Socrate, à la *Vie d'Alcibiade par Plutarque*, traduction d'Amiot vous trouverez les lignes suivantes :

« Alcibiade commença à avoir en admiration Socrate, prenant plaisir *aux caresses* qu'il lui faisait et néanmoins portant révérence à sa vertu, de manière qu'il ne se donna garde qu'il eût formé en son cœur une image d'amour, ou plutôt comme dit Platon, de contr'amour, c'est-à-dire un amour saint et honnête ; tellement que tout le monde s'émerveillait de le voir ordinairement boire et manger, jouer, lutter ; loger à la guerre avec Socrate, et au contraire rudoyer ses autres amoureux... Le philosophe Cléon avait coutume de dire que Socrate ne tenait que par les oreilles le jeune enfant, *dont il était amoureux*, c'est-à-dire que prenant plaisir à ses conseils vertueux, Alcibiade ne s'en prodiguait pas moins aux libertins en grand nombre qui lui offraient des festins et de riches présents. »

Le peuple de Dieu, le peuple Juif seul, chez les anciens, considérait comme un crime le vice infâme chanté par Horace, autrement la sentence de mort pour avoir corrompu la jeunesse, ferait craindre que les amours de Socrate pour Alcibiade ne furent pas toujours platoniques. La tentation devait être bien forte à la guerre, dormant sous la même tente. Un catholique en pareille posture serait condamné sans rémission par les historiens libres-penseurs. Aristophane dans les *Nuées* place en première ligne parmi les voluptés, les garçons, puis les filles, la table.

Passons au stoïcien Sénèque, le prince des beaux discours en préceptes moraux. Voyons sa morale en action. Il fut d'abord exilé en Corse pour ses adultères avec Agrippine et Julie, fille de Germanicus. Puis appelé à nourrir le jeune Néron de ses belles sentences, l'opposition de sa conduite avec sa morale, dut contribuer au peu de succès de cette éducation modèle. Néron devait bien le connaître quand il lui demanda conseil pour décider l'empoisonnement de Britannicus et qu'il le récompensa par une large part de ses dépouilles ; lorsqu'il décida, lui présent, l'assassinat de sa mère et que Sénèque eut l'infamie de faire la lettre apologétique que Néron adressa au Sénat (Voir Suétone et Tacite.)

N'est-ce pas une ironie qu'Alcibiade et Néron aient été les élèves des plus grands moralistes anciens ? Comparez avec Fénelon et son royal élève, le duc de Bourgogne.

Dans sa XXIXe lettre à Lucilius, Sénèque reconnaît lui-même que l'on reprochait aux stoïciens « leurs

BIBLIOTHÈQUE

salaires, leurs maîtresses, leur bonne chère, la taverne, les adultères ».

Une citation de Montaigne III-IX, ajoute : « Je ne sais quels livres, disait la courtisane Laïs, quelle sapience, quelle philosophie, mais ces gens-là battent aussi souvent à ma porte qu'aucuns autres. » (1)

Le troisième héros des partisans de la morale sans Dieu est Epictète.

Voici une fiche tirée du *Correspondant* du 10 juillet 1904, F. Brunetière :

Epictète dit : « Je ne saurais quelle idée me faire du Bien, si je supprimais les plaisirs du boire et du manger, ceux de l'ouïe et ceux de Vénus. » Et Métradore, un de ses disciples, ajoutait : « C'est le ventre qui est l'objet véritable de la philosophie conforme à la nature. »

Passons à Marc-Aurèle qui fit monter le stoïcisme sur le trône. Nous citerons Cantu, *Histoire Universelle* traduite par M. Lacombe, tome V, page 380.

Marc-Aurèle en mourant recommande de diriger sagement, suivant les principes stoïciens, son jeune fils, âgé de dix-neuf ans.

Or ce jeune stoïcien, du vivant de son père, avait fait du palais un lieu de prostitution. Après sa mort, il s'entoura d'un troupeau de trois cents concubines et d'autant de mignons. Il viola ses propres

1. *Œuvres complètes de Sénèque*, traduction de Baillard. Hachette.

sœurs. On est obligé de tirer un voile sur tout le reste.

Voilà les principes sur lesquels repose la théorie socialiste appelée la conception matérialiste de l'histoire. Sous le nom de respect de soi-même, l'école développe l'orgueil. Sous prétexte de suivre la nature il faut, non seulement suivre ses instincts, mais les cultiver et les développer. Sous le nom d'éducation de la volonté, c'est la concurrence, *vœ victis* ; et de par la solidarité, en eux, les plus forts, ils font avancer le bien et le bonheur de l'humanité, le progrès et la civilisation. Tant pis pour le déchet. Ceci nous amène à l'omnipotence, à la divinisation de la classe dirigeante, de l'Etat. Sous le nom de morale civique on enseigne que l'Etat, comme tel, a tous les droits et nous aucun droit contre lui. L'Etat est le principe et la source : il crée la loi et il fait la justice. L'Etat c'est Dieu. Crime et répression pour qui n'agit et ne pense comme lui. »

On a coutume d'opposer Bouddha à Jésus. Jésus meurt sur la Croix rédemptrice et promet un royaume éternel. Bouddha prêche l'anéantissement et meurt d'une indigestion de porc. Les moines de Bouddha ne rendent aucun service à la société ; les nôtres ont civilisé l'Europe et embrassent toutes les formes de la bienfaisance.

Comptez seulement les cent mille vierges que saint Vincent de Paul a fait consacrer aux malades nécessiteux depuis leur fondation ; et ainsi de tous les fondateurs d'ordres pour l'évangélisation, le défrichement du sol, l'éducation, les secours à la vieillesse, à toutes les infirmités. Ils ne coûtent rien au budget et ne demandent qu'à vivre en paix dans l'égalité, la fraternité, la charité sans rien demander au monde. Quel exemple pour nos socialistes s'ils n'étaient pas des menteurs qui excitent et exploitent les basses convoitises des peuples.

Le catholicisme est détesté des peuples parce qu'il combat les passions, et des souverains parce qu'il réprime le despotisme : aussi veulent-ils l'asservir. Cependant il est le meilleur soutien du pouvoir et le seul ami du peuple. N'êtes-vous pas frappé de ces deux courants opposés de l'esprit humain, l'un bienfaisant, l'autre malfaisant, si contraires à l'uniformité de l'instinct ? Car enfin, tous les loups sont sanguinaires, tous les agneaux inoffensifs ; mais nulle part, dans l'animalité on ne trouve ainsi deux tendances opposées dans la même race. C'est bien le complément des deux tendances opposées dans la conscience ; et la preuve que le principe du bien existe réellement et celui du mal aussi.

Religion

Mais Dieu a-t-il été bien juste en laissant une pareille latitude au mal et à l'erreur avec l'unique conscience pour éclairer les notions divines du devoir ? L'homme pourrait en douter si Dieu ne s'était révélé que dans la conscience. Mais l'histoire de l'humanité remonte à de multiples communications directes avec Dieu, où il aurait notifié ses commandements.

Reste à savoir s'il y en a de fausses, s'il y en a de vraies. Aujourd'hui il est facile d'étudier les religions, de les synthétiser toutes en une seule, dont les autres en seraient la dégénérescence. Il faut que la vraie s'accorde avec toutes les exigences de la conscience, avec toutes les aspirations de notre âme, avec la plus belle idée que l'intelligence puisse concevoir de la cause du monde.

L'étude du catholicisme prouve que cette religion réunit toutes ces conditions et qu'elle n'a pu être inventée par l'homme. Historiquement elle est aussi ancienne que l'histoire connue du monde. Elle apparaît chez un peuple aussi ancien que les Assyriens et les Egyptiens avec lesquels elle eut des rapports constants consignés par l'histoire. Pendant la longue période qui sépare ces origines de l'ère moderne, le peuple à qui Dieu s'est révélé et lui a confié les annales de l'origine de l'homme, conserve la plus belle morale et seul de tous les peuples perpétue la notion du Dieu unique, personnel, indépendant et ami de l'homme. Dès son fondateur, Abraham, l'annonce est faite au monde d'un Messie qui doit établir sur toutes les nations le règne du vrai Dieu, et les prophètes s'échelonnent dans le temps pour consigner tous les détails de son caractère, de sa vie, de sa mort.

Au jour prédit le Messie arrive. Mais son caractère divin n'est reconnu qu'après sa mort par ses disciples eux-mêmes. Tous croyaient chez les Juifs et dans tout l'Orient à l'arrivée, à cette époque, d'un grand conquérant qui dominerait le monde. Vespasien, après avoir vaincu la Judée, en tira parti pour s'élever à l'Empire.

En face de la suprématie de la force, de l'esclavage des faibles, de la corruption générale, de l'ignorance absolue de l'essence divine, il ne restait pour soutenir la conscience que l'orgueil stoïcien incapable de sauver la morale.

Le vrai Messie, le Christ, après avoir prouvé sa puissance surnaturelle par ses miracles, établit son autorité en se déclarant le fils du Dieu vivant. Puis il développe sa mission ; sa mission accomplie, il envoie lui-même une troisième personne divine, l'Esprit-Saint, pour soutenir ses apôtres et son Eglise. Voilà l'essence divine dévoilée dans sa sublime beauté ; trois personnes en une seule substance, vivant dans un amour réciproque et éternellement constant, sans la nécessité des mondes qu'elles créent par pure bienveillance et pour manifester leur gloire.

Jésus dit à l'homme : « Dieu, mon père, veut être ton père, il veut t'aimer à l'égal de son fils si tu accomplis ses commandements. » Quoi de plus noble et de plus beau que de vouloir étendre le champ de l'amour et du bonheur dans des âmes dignes de cet honneur ; une Cour céleste où retentit l'éternel Hosanna. Pour arriver à ce but si désirable il faut imiter et suivre Jésus qui est la voie, la vie et la vérité. Tous les hommes sont appelés à cet honneur ; tous égaux, le prochain c'est le malheureux. Il faut l'aimer comme soi-même ; car Dieu l'ayant créé pour le même but, si nous ne l'aimons pas, nous n'aimons pas Dieu comme il nous aime et comme il veut être aimé. La première de toutes les vertus divines et humaines c'est le dévouement. C'est pour le montrer que Jésus est monté sur la Croix, pour sanctifier la douleur et racheter les péchés du monde.

Qelle que soit l'idée que l'on se fasse de l'origine du mal, le mal existe et l'homme y subit une tendance funeste. L'esprit du mal se personnifie dans la conscience, y conseille, y tente, y séduit.

La tradition juive fait remonter au premier homme la première tentation suivie de la déchéance humaine et Jésus vient réconcilier l'humanité avec Dieu son père. Il accepte le supplice des esclaves pour cette rédemption où il fallait l'agneau sans tache ; et son sacrifice se perpétue dans le temps par le pain et le vin transubstantiés C'est la vertu de l'Eucharistie qui va infuser l'amour et fortifier l'homme contre le mal, après que l'apôtre, par une délégation divine, aura purifié la conscience et revêtu l'homme de l'habit nuptial. Malheur aux protestants qui ont méconnu cette vertu.

Jésus promet à tout homme qui suit sa voie une

part dans son royaume, le royaume de l'amour et de la pleine vision des beautés divines.

Le résultat de cette doctrine est connu de tous, c'est la voie pour les peuples du bonheur ; c'est l'art de vaincre les passions, de persévérer dans le bien par la pratique des sacrements et d'y puiser la paix, quelle que soit la violence de l'adversité. L'homme trouve en Dieu l'origine de toutes les nobles qualités dont il est doté, résumées par l'amour et la miséricorde. Le mal ne vient pas de Dieu, c'est l'œuvre de son ennemi et il l'a vaincu par sa mort ; la douleur devient une purification et une réhabilitation.

Tout devient lumineux, clair, la raison ne peut concevoir une plus belle cause du monde et l'homme prend connaissance de sa destinée. Il a la sanction de ce que sa conscience lui avait dit de tout temps : que la vie est un combat contre le mal, et ce que la tradition n'a cessé de lui dire que la récompense a lieu après la mort.

Dans le catholicisme, l'homme vit en paix, sa vie est illuminée par l'espoir. Que Dieu est bon d'avoir bien voulu s'y révéler à nous. Qu'ils sont malheureux ceux qui l'ignorent ou le méconnaissent.

Mais si Jésus fait la guerre aux passions, les passions font la guerre à Jésus. L'homme ne combat qu'à regret son orgueil, sa chair et ses convoitises. Il est chaque jour, toute sa vie, tenté d'y revenir et, quand il succombe, il maudit au fond de son cœur, celui qui le tourmente par le remords. Voilà la cause de la haine éternelle contre l'Eglise de Jésus. Tout ce qui ébréchera sa doctrine en faveur des passions sera reçu avec joie ; plus de présence réelle à la communion, car comment l'admettre sans la purification sacramentelle ; or l'orgueil a horreur de la confession, plus de jeûnes, plus de maigre, plus d'importun qui nous dirige, marchons dans l'instinct religieux avec notre seule raison et la bible à la main ; cela doit suffire pour être sauvé. Voilà le succès du protestantisme.

Avant ! le despote avait dit : « Conservons tout. Le catholicisme fait un peuple docile, nous pourrons le façonner à notre convenance si nous sommes seuls à le diriger, soyons Pape. Nous dirons la messe à notre avènement, et voilà le schisme grec. Vive le Czar, le petit père.

Placez entre les deux Mahomet le dernier prophète à qui Gabriel renouvelle les véritables révélations faites à Abraham par le seul Dieu dont il est le prophète, et vous aurez tous les peuples qui ont conservé la tradition de la cause unique, personnelle, providentielle du monde ; et paternelle pour l'homme. Mais en refusant les trois personnes en Dieu, Mahomet a perdu la trace du pur amour divin, de la vie idéale. Tout sacrifie à la chair, même le Paradis qui s'acquiert moyennant jeûnes et pèlerinages. La conscience est allégée par le dogme de la fatalité. Une seule chose fait la beauté de l'œuvre de Mahomet, c'est la prière qui trois fois par jour rappelle cependant à la conscience la réalité de la justice divine. Trois plaies : la femme avilie, les esclaves, les eunuques. Nous avons maintenant à énumérer le reste des religions présentes et passées qui ont perdu la notion de la première révélation divine, soit par éloignement du peuple choisi, soit par l'intérêt despotique du pouvoir. Tel ici le brahmanisme avec ses castes infranchissables : Despotisme sacerdotal, ayant pour base sa prétendue puissance sur la nature par l'incantation, par le sacrifice dont il détient seul le secret ; là le bouddhisme, réaction de la classe royale asservie par les brahmes avec son inconnaissance absolue de l'essence de la divinité. Il a beau singer la messe, les processions, les litanies, le chapelet, les costumes, pratiquer la confession, ses invocations monotones sont des monosyllabes incompréhensibles, constamment répétés, qui ne s'adressent qu'à une essence suprême, sourde, inconsciente et impersonnelle. Elle est remplacée par la magie et par une foule de saints où Bouddha tient la tête, le quel s'incarne dans les grands Lama ou papes ses successeurs.

Quel peut donc être ici le but de la vie, puisque Dieu n'y est que l'essence présumée de la nature. Ah ! c'est que l'essence de l'homme, lui-même, n'est pas individuelle. Elle est l'incarnation actuelle d'une foule d'existences antérieures et après la mort, elle subira les épreuves de nouvelles vies, jusqu'à ce que purifiée de ses fautes et de celles de ses prédécesseurs inconnus, elle puisse perdre définitivement le souvenir, la personnalité et la douleur dans le grand tout. Son bonheur sera l'insensibilité et le repos.

Cette théorie, tout en portant atteinte à la personnalité, laisse une large part à la conscience pour ceux qui veulent arriver à la perfection finale et ceux-ci forment une masse immense de moines mystiques pratiquant la confession, la continence, le détachement de la vie et même de la pensée. C'est la religion de l'anéantissement ; elle est bien digne de Satan. Les despotes y trouvent un peuple sans ressort.

Cependant, arrivé à un certain degré de purification, l'homme peut s'arrêter pour un temps dans ses migrations et devenir une sorte de demi-Dieu temporaire. Ses descendants l'invoqueront, le redouteront. Ce sera le Dieu lare de la famille et on lui dressera des autels, on lui offrira des sacrifices, c'est le culte des ancêtres. C'est un ciment admirable pour consolider la famille, et par la famille, l'Etat: c'est là la force de cohésion de l'immense empire chinois : comme la persuasion, chez les Japonais, que l'héroïsme peut conduire au rang d'ancêtres vénérés, fait affronter la mort dans les combats. D'ailleurs qu'importe de mourir, une nouvelle vie est toujours là pour recommencer ; puis les peines ne peuvent qu'être temporaires.

Si le boudhisme place la cause du monde dans l'inconsciente nature prise en bloc, le paganisme, au contraire, détaille celle-ci et la personnifie dans ses forces intimes et ses multiples manifestations. Le maître des hommes, Jupiter, a les passions des hommes. Tous les éléments, la terre, le soleil, la mer, les fleuves et à leur tête le Gange, les passions même relèvent de divinités tutélaires ou vengeresses, tout devient dieu, sauf Dieu lui-même.

Toujours et partout l'idée du surnaturel, de l'âme immatérielle, de la survivance, du bien et du mal, des punitions et des récompenses. Ces idées sont innées chez tous les hommes et pour les détruire il faut accumuler les sophismes et heurter le sens commun.

Chez les plus dégradés, les plus éloignés des révélations divines, le surnaturel et les influences invisibles s'attachent à l'homme de tout côté. Il n'y a plus de recours que dans le féticheur qui conjure les puissances occultes et en préserve par la vertu du fétiche ; fait bien digne d'être remarqué par les esprits forts qui ne croient pas aux sacrements, alors que Dieu a mis chez les peuples les plus éloignés de la spiritualité, de même que chez les Grecs et les Romains, la croyance à la vertu d'un objet consacré.

Voilà le recensement de toutes les croyances, de toutes les religions. Partout l'homme croit à des rapports avec les puissances invisibles.

Négation Matérialiste

De quel droit le matérialisme vient-il balayer toutes ces croyances et faire de Dieu un inconscient. Où sont ses preuves ? Son seul argument est que l'immatériel n'est pas saisissable et qu'alors rien ne prouve son existence.

Avec cet argument on nie l'existence même de la matière ; car l'observation montre que tous les phénomènes de la nature s'enchaînent les uns aux autres, remontent à des causes insaisissables : l'atome, la force, l'éther, substances et causes dont on ne connaît même pas le commencement ni la fin. Il faut donc nier le monde visible si l'on doit rejeter l'insaisissable, car les vibrations même de la lumière qui nous éclaire ne sont possibles qu'avec des corpuscules impondérables, invisibles et insaisissables. Le visible repose sur l'invisible. Le matérialisme d'après sa théorie ne peut prouver l'existence même de son corps.

Peut-il au moins prouver que la matière seule existe ? Pour cela il faudrait qu'il prouvât que par sa propre énergie elle a pu produire le monde. Non ! ses arguments scientifiques sont tous dénués de fondement. La science que le matérialiste invoque conclut à la nécessité d'une cause qui seule a pu faire sortir la matière de son inertie et de son immobilité ; qui lui a donné chaleur et mouvement et l'a soumise à l'engrenage des combinaisons chimiques et des lois physiques et astronomiques pour produire, régler ou développer tous les phénomènes de la nature.

Tout le temps de ce travail forcé, dans la perpétuité des siècles, la révolte de la matière se manifeste : 1° Par le rejet constant du calorique dans l'espace en tant que cela lui est permis par les lois imposées; 2° par la perte constante de son calorique de réserve, calorique latent en passant de l'état gazeux à l'état liquide, de l'état liquide à l'état solide sans jamais remonter cette déchéance sauf par une réserve de calorique étrangère; le soleil pour la terre, par exemple; 3° par la même tendance à celle des combinaisons chimiques qui la débarrassent le plus de calorique; 4° par la tendance à la concentration de ces éléments par attraction et pesanteur pour arriver à des masses solides, immobiles, à la température glacée de l'espace.

Il y a donc une cause dominatrice de la matière qui l'a dilatée et lui a donné chaleur et mouvement. Cause suprême puisque le monde est fait dans l'unité, et éminemment puissante et intelligente à en juger par ses effets.

Le matérialiste qui bute sa raison pour ne pas la reconnaître, ferme la porte à sa conscience qui ne cesse de lui répéter : « Tu nies Dieu parce que tu veux rester l'esclave de tes passions, de ton orgueil titanesque, de ta sensualité et de ton égoïsme sans frein. Il n'y a qu'à ouvrir les yeux pour reconnaître

Dieu. Mais quand on le reconnait il faut lui obéir et on referme les yeux. Si la conscience crie, on lui dit : « Soit, je serai un honnête homme, un homme d'honneur : ma propre estime me suffit », aveuglement qui ne préserve jamais d'une chute, car la morale indépendante est un non-sens. La conscience sans la justice divine n'a pas de raison d'être : c'est un frein sans but. S'il y a une distinction du bien et du mal, elle vient de Dieu, ou bien c'est une erreur de notre raison qu'il faut repousser. Si l'homme n'a pas un maître surnaturel, il ne doit rien à personne; le devoir c'est son intérêt. Le voilà l'esclave de ses passions.

Ceux qui nient Dieu ne peuvent pas comprendre que l'homme véritablement libre, en paix avec lui-même, sans peur, est celui qui ne craint que Dieu.

Les despotes le savent bien. Les hommes d'intelligence qui proclament le matérialisme, les directeurs occultes des naïfs et vaniteux francs-maçons, sont des ambitieux qui veulent asservir les peuples en les plongeant dans les convoitises et les luxures. Avoir le pouvoir, concentrer tout l'or dans la main et le répandre sur les forts et les malins pour asservir les faibles et les simples, voilà la forme de toute tyrannie et ce que nous réserve sous le nom de socialisme la conspiration judéo-maçonnique. A bas Jésus, le Dieu des faibles, vive Mammon, le Dieu de l'or.

Monsieur l'auteur depuis vos invectives contre le matérialisme et en ce qui concerne la destinée de l'homme, vous êtes dans les hypothèses jusqu'au cou. C'est possible, mais la tête surnage et ma raison me dit que ce manque de certitude est indispensable, voulu de Dieu.

C'est la Foi qui sauve

La raison dit que l'Être suprême étant seul souverain, doit être l'origine de toute qualité, de toute vertu : bonheur, bonté, amour, mais en même temps, justice. La notion que Dieu a gravée dans notre raison de sa justice et les ordres qu'il nous transmet par la conscience, donnent à l'âme une inquiétude très pénible pour qui regimbe à accomplir le devoir. C'est là la cause primordiale, la grande cause qui amène la raison à défigurer Dieu et à troubler la notion du bien et du mal. L'homme ne peut s'abandonner au mal qu'en s'éloignant de Dieu, en méconnaissant ses qualités, en faisant appel à l'erreur, cet aveuglement volontaire de la raison. Vous ne verrez pas un homme de bien, de bonne volonté qui n'accepte la notion divine avec ses conséquences.

Ceux qui se croient parfaits et qui disent ne pas voir Dieu, ne se connaissent pas eux-mêmes. Ils sont aveuglés par l'orgueil, ils veulent mesurer Dieu, s'expliquer ses actes et ses ordonnances, lui faire rendre des comptes comme à un intendant de probité douteuse. Les meilleurs disent : « La raison nous est donnée pour connaître ; si Dieu veut être obéi, qu'il se fasse connaître. » Et *Dieu ne le veut pas*.

Voilà le grand fait que nul homme ne devrait ignorer. « Si tu me voyais, tu mourrais. » (*Exode*, XXXIII, 20.) En effet, Dieu ne nous a pas mis sur cette terre pour lui obéir forcément par l'évidence de sa personne, de son autorité, de ses ordres. Il n'y aurait plus de libre arbitre, de mérite, de récompense : plus de droit à la destinée future. Adieu toute aspiration divine, seule digne de notre soif inextinguible de connaissance, de bonheur et d'amour. Il n'y aurait plus qu'à blasphémer Dieu ; car la vie telle qu'elle est, n'est pas enviable, Dieu imposant l'évidence de ses ordres, nous mettait au rang des animaux instinctifs. Mais il devait alors nous limiter dans nos besoins et nos désirs. S'il ne l'a pas fait, c'est qu'il nous a organisés pour une destinée plus belle qu'il faut désirer, demander, mériter, et le mérite consiste à lui obéir librement. Pour cela Dieu nous a donné la faculté de désobéir, de nous éloigner de lui, de choisir le mal, de fuir le devoir et de nous réfugier dans le sophisme et dans l'erreur, c'est là notre liberté. D'autre part, si j'accomplis le devoir, j'ai le droit en mourant de sommer Dieu de me rendre justice et de se montrer à la hauteur des grands sentiments que mon âme comprend, il faut qu'il soit bon et généreux. Sinon, ce n'est pas lui qui m'inspire et comme il n'y a que lui, c'est moi qui invente ces bons sentiments et en les inventant je suis plus grand que lui, quelle absurdité! Il ne lui resterait que la ressource de m'anéantir ce qui ne le ferait pas meilleur. Et après tout, s'il fallait revenir au néant! La vie dans le devoir serait encore la plus parfaite, la seule heureuse; mais en laissant tout espoir, en fermant la raison à l'infini, en décapitant l'homme. Décidément le matérialisme ne peut convenir qu'aux scélérats. Dieu merci, nous avons une révélation sublime des qualités divines qui dépassent tout ce que l'imagination peut concevoir de beau, de bienfaisant et de désirable. La vie telle que Jésus de Nazareth nous l'a enseignée est bien celle de l'espérance, de la joie, de la raison et seule elle donne l'expansion de l'âme. Tandis que les richesses, les honneurs, les satisfactions des sens, une morale sèche, ne peuvent la désaltérer et la racornissent dans l'égoïsme.

Quoi que vous fassiez, à mesure que vous vous éloignez de la révélation catholique, vous rapetissez Dieu, vous lui ôtez quelqu'un des grands sentiments que connaît notre âme, et celle-ci les perd, car ils ne lui ont été donnés que pour s'élever jusqu'à lui.

Donc acceptons la révélation, sa certitude en toute confiance, elle chante les cantiques de David sans discontinuer depuis trois mille ans, à la gloire du souverain paternel, du Dieu d'Abraham, souche des juifs, des chrétiens et des musulmans. Soyons humbles. « Je vous loue, mon pére, seigneur du ciel et de la terre, parce que vous avez caché ces choses aux sages et aux prudents, et que vous les avez révélées aux petits. Oui, mon père, ainsi soit-il, puisque vous l'avez voulu ainsi. » Les petits, c'est la multitude. Et en effet le petit peuple, femmes, enfants, illettrés de toutes nations, sauvages, anthropophages, tous ceux qui ignorent et qui souffrent, vont naturellement au catholicisme et sont capables de le comprendre ; ils y trouvent la vraie civilisation et le bonheur. Est-ce à dire qu'ils sont imbéciles et que les savants seuls ont la vérité. Non, car le savant, quand il veut aborder la religion avec le désir sincère de croire et de pratiquer, quand il étudie le catéchisme, qu'il s'est confessé, qu'il a communié dans la candeur d'une âme sincère, amoureuse de la vérité, obtient ensuite des clartés admirables qui fortifient sa foi par-la lecture des auteurs chrétiens, par la fréquentation des saints. Quand vous allez trouver un prêtre pour vous éclairer, la première chose qu'il doit faire c'est de vous engager à vous confesser, c'est le moyen le plus rapide de vous infuser l'esprit.

Obéissons donc sans ergoter. C'est ainsi que Dieu nous aime, parce qu'ainsi nous lui témoignons de la confiance. C'est lui qui serait en faute s'il la trompait. Mais si nous voulons le connaître nous le pouvons. Il s'est bien révélé en son fils, fait homme.

Tournons donc nos regards vers Jésus ; étudions-le avec un cœur pur, avec le désir de suivre la vérité jusqu'à la mort : nous connaîtrons Dieu dès cette vie et notre belle destinée. Il nous montrera sa majesté suprême dans toute sa beauté, dans ses qualités les plus éminentes : la bienfaisance, l'amour.

Ecoutez saint Augustin dépeignant d'après son expérience l'état de l'âme qui porte tout son amour vers Dieu.

Manuel de saint Augustin, Ch. XIX, fin.

« Quand cet amour entre dans une âme, il la réveille de son assoupissement : il l'anime et la touche ; il la perce de ses traits : il l'éclaire dans ses ténèbres ; il la dilate ; il l'embrase dans ses froideurs ; il apaise ses mouvements de colère ou d'impatience ; il en chasse les vices ; il réprime l'impétuosité de ses passions ; il corrige ses mœurs ; il réforme et renouvelle son intelligence ; il l'empêche de suivre les désir déréglés de la concupiscence, dans l'âge même où l'on est le plus sensible aux malheureux plaisirs de la sensualité. Cet amour opère toutes ces choses partout où il se trouve ; et dès qu'il se retire d'une âme, elle tombe dans la tiédeur, comme un vase bouillant qu'on retire du feu. »

Voilà le remède souverain, voilà le refuge dans la paix. Ce n'est pas là le mysticisme qu'on nous reproche, ni l'esprit bouddhique. Les saint Augustin, les saint Bernard, les sainte Thérèse furent les esprits les plus nets, les plus pratiques, et les plus cultivés de leur temps.

Puisque l'homme ne peut avoir la certitude sensible de Dieu, comment faire pour croire, pour pratiquer la foi ?

Consultons l'expérience du P. Gratry dans ses *Méditations inédites*, page 197. Douniol, Téqui, éditeurs, rue de Tournon.

« Quest-ce que la foi ? Qu'est-ce donc cette foi qui sauve ? Mon Dieu donnez-moi la foi. Mon Dieu augmentez-moi la foi.

Je sais un peu par expérience ce qu'est la foi et son absence, ses défaillances et ses accroissements. Je sais très bien que j'avais la foi dans mon enfance, quand j'étais pur. Je sais aussi que je l'ai perdue sous l'influence de la volonté de la chair, et dans cette âge inepte, aveugle, honteux, impertinent, où les enfants se corrompent entre eux et conspirent pour rejeter tout joug et perdre la foi et la vertu. Je sais que la foi m'est revenue, quand j'ai voulu vaincre la chair, et sa folie et son aveuglement.

Et pourquoi maintenant ma foi, quoique depuis longtemps enracinée, a-t-elle des défaillances et des accroissements ? Quand est-ce qu'elle paraît croître ou décroître ? Quand je me reprends à m'aimer moi-même plus que Dieu et mes frères ; quand la chair se révolte et n'est pas matée aussitôt, la foi paraît décroître. Elle paraît croître et elle croît en effet quand je suis maître chez moi et quand mon cœur devenu libre recommence à s'ouvrir pour Dieu. Ces choses se tiennent.

Mais ici, seigneur, je sens que mes pensées et mes paroles ne savent pas creuser ces vérités : mon âme n'y entre pas jusqu'au fond. Pourquoi suis-je si superficiel et pourquoi donc n'ai-je pas ce « cœur profond » dont parle l'Ecriture sainte? C'est que précisément la foi n'a pas encore en moi toutes les forces qu'elle doit avoir, et que je suis toujours obligé de dire comme cet aveugle de l'Evangile ; « Je crois, Seigneur, mais soutenez mon incrédulité. » Mais pourquoi cela? C'est que ma rupture avec la volonté de la chair n'est pas totale : je suis encore double. Je suis peut-être déjà né de Dieu, mais je suis encore né du sang et de la chair, de la sensualité et de l'orgueil. Je sens dans mes membres les deux lois opposées dont parle saint Paul, dont l'une m'élève, mais dont l'autre m'abaisse. Heureux les victorieux! Heureux ceux qui n'ont plus qu'une loi, un seul maître, un seul père qui est Dieu. Ceux-là, il le paraît, non seulement possèdent cette substance de la vie éternelle qui est la foi, dit saint Paul, mais ils sentent, ils comprennent, ils voient, ils touchent le ciel, parce que la vie éternelle commence en eux, et n'y est pas à chaque instant ou détruite ou cachée par l'autre. »

L'homme trouve donc la foi quand il est décidé à

pratiquer la vérité au dépens de toute affection illégitime; quand il ouvre largement et sans réticence les portes de la conscience pour pratiquer les devoirs envers Dieu, envers le prochain et envers soi-même. Quand la demeure est bien préparée, ornée jusqu'à la corne de l'autel, quand le cœur est net, comme un miroir, il reflète toujours Dieu, et la conviction se fait. La première demande de Dieu est le sacrifice de la chair et de l'égoïsme. Il attend ce moment pour prendre possession de notre cœur. Il y descend doucement et il attend que nous tournions nos regards vers lui avec la confiance dans cette bonté infinie qu'il prodigue à tant d'âmes saintes sur cette terre, bonté qui est bien l'apanage de ses facultés. Si votre cœur encore trop comprimé ne s'élance pas vers lui par la prière, ayez recours à son fils fait homme. Ouvrez l'évangile et après avoir lu la parabole de l'enfant prodigue, récitez avec lui l'adorable prière qu'il nous a léguée de la part de son père, de ce père qui veut bien aussi être le nôtre : Notre père qui êtes aux cieux.

Mais la foi n'élève notre raison que tout autant que nous conservons Dieu dans notre cœur. Elle demeure non pas d'une manière définitive pour ne plus se perdre à jamais, mais chaque jour proportionnelle à la vertu; susceptible de se cacher dans les moments de grande faiblesse, de disparaître à jamais dans la révolte chez un Luther, un Lamennais, un Hyacinthe, un Renan. C'est la loi du libre arbitre, la condition du mérite. Quand nous mettons du nôtre, Dieu y met du sien. Quand nous nous retirons, Dieu se retire.

Concluons enfin que la nature incapable d'initiative est l'œuvre d'une intelligence suprême, source et perfection de tout bien. Les facultés divines se résument dans la miséricorde et l'amour tempérées par la justice.

L'amour a sa satisfaction complète entre les trois personnes divines. Mais Dieu, dans sa bonté, a voulu le répandre sur des êtres doués de raison; c'est-à-dire capables de le comprendre ; à l'intention de former une Cour d'amour et en recevoir l'hommage. La condition pour être admis est un stage où le mérite doit se montrer dans la conscience par la préférence de ce que Dieu y déclare bien à ce qu'il y déclare mal. « En toute nation celui qui le craint et dont les œuvres sont justes, lui est agréable. » (Actes des apôtres, X, 35).

L'épreuve du premier couple aurait suffi pour sauver toute l'humanité. Mais Dieu sut tirer de la chute l'occasion de manifester en son fils Jésus, la plus belle de toutes ses facultés, la miséricorde. La grâce est descendue du ciel par le sang du Christ ; et cet amour que Dieu cherchait à faire germer dans le monde, trouve ainsi un aliment intense dans la reconnaissance de la création tout entière pour cet acte incomparable de dévouement, de commisération et d'amour. La croix devient le drapeau de ralliement de la milice qui combat pour le Ciel. Dieu veuille enfin convaincre notre raison. Vous qui mettez le bonheur dans les jouissances de cette vie, tôt ou tard vous serez désillusionnés.

Embrassons maintenant d'un dernier regard la théorie catholique sur la cause première. Du sommet élevé où nous a conduit l'observation des faits et les déductions de la raison, jetons un regard d'ensemble et concluons par quelques paroles de saint Bernard où se dévoile le but sublime de la création; où le christianisme montre le créateur immense par les sentiments comme la science le montre immense par la puissance, l'intelligence et la raison.

« Le sacrifice de la croix était-il nécessaire ? Le créateur ne pouvait-il donc réparer son œuvre par de moindres sacrifices ? *Assurément il le pouvait*, mais il a préféré accomplir cette réparation au dépens de son honneur, afin d'ôter désormais à l'homme l'occasion même du vice le plus odieux et le plus noir, l'ingratitude ; il n'a reculé devant aucune fatigue afin que l'homme lui fut redevable d'*un grand amour*, et que la difficulté de la rédemption lui inspirât une reconnaissance et un dévouement qu'il n'avait pas trouvé dans la facilité de sa condition primitive. »

Adam créé par une simple parole, *faciamus hominem*, s'il n'eût pas péché, s'il eût mérité la béatitude promise, après l'épreuve, pouvait se croire dispensé d'une grande reconnaissance envers son bienfaiteur. Il avait accompli sa tâche, il recevait son salaire c'était tout. L'amour produit par le genre humain pouvait à la rigueur constituer une belle aurore, mais sans la chaleur vivifiante de l'astre du jour.

Or Dieu dans sa bonté voulait faire part de tout son bien ; c'est-à-dire, non seulement de son bonheur, mais surtout de son amour. Sa sagesse pouvait donc prévoir et permettre le péché, sachant qu'il le ferait servir, par sa miséricorde, à l'éclosion d'un amour aussi grand qu'il pouvait le désirer. En effet le bonheur est passif, concentré, personnel ; mais l'amour est actif, expansif et peut être centuplé quand il trouve des foyers pour propager sa chaleur. C'est l'amour qui fait les grandes choses, qui produit le dévouement, la flamme, l'héroïsme et qui étend le champ du bonheur sans mesure quand il est propagé. L'amour c'est Dieu en action d'abord entre les trois personnes divines ; faisant ensuite déborder cet amour sur le monde pour en recevoir le reflet, au milieu d'un chœur d'anges et de saints, dont l'amour réciproque fait palpiter la flamme divine dans un hosanna perpétuel. Cet amour s'étendant sur la nature tout entière fait vibrer les astres dès leur création : la chaleur et la lumière manifestent ainsi la gloire de leur créateur. Voilà un Olympe digne de l'immensité de Dieu, du cœur insatiable de l'homme, de la raison dont les ailes seules n'eussent jamais pu atteindre la hauteur. L'astuce du démon ne sut jamais l'inventer dans ses fausses religions, dans ses incarnations suspectes.

Mais comment Dieu pouvait-il enflammer le cœur de l'homme, se faire aimer, se faire adorer, sans se découvrir, sans fausser le libre arbitre ? Si vous connaissez un autre moyen que celui de la folie de la croix, enseignez-le. Mais nous n'en connaissons pas ; puisque même par ce moyen extrême, Dieu n'a pas réussi à conquérir tout le genre humain.

Mais de sur la croix il a épanché, par son cœur ouvert, l'amour sur la terre. L'homme ne connaissait que la crainte, maintenant il s'abreuve d'amour et le ciel n'entendra pas seulement le chœur des anges fidèles, mais aussi les chants d'amour et d'enthousiasme des hommes qui auront puisé à cette source la bénédiction et l'amour. La Cour céleste sera digne du vrai Dieu : « Je suis venu apporter le feu sur la terre, et qu'est-ce que je désire, sinon qu'il soit allumé ? (Luc, XII, 49).

Mais il ne faut pas s'illusionner, l'homme reste à terre sans l'exacte observation des commandements de Dieu et des préceptes de son église. Sans le secours surnaturel des sacrements, secours indispensables, inimitables, dont on voit les salutaires effets à mesure qu'on y puise des forces ; sans la confession qui nous dévoile notre égoïsme, éclaire notre conscience ; sans la communion qui nous donne la charité, pas de perfection. Exerçons-nous donc à la pratique des vertus chrétiennes, renonçons à toutes les fausses joies du monde pour chercher Jésus, et il nous ouvrira son cœur sacré pour nous embraser dès ici-bas, de cet amour qui fait les saints.

Ecoutons dans le même ordre d'idées l'abbé de Broglie, p. 329 (1) :

Causes de l'Incarnation

Le Dieu chrétien est l'ordre moral vivant, la sainteté personnifiée.

L'ordre moral lui est tellement uni, tellement cher, qu'il sacrifie son fils pour réparer la violation de cet ordre.

Mais en même temps Dieu est l'amour même, l'amour vivant. Il aime ses créatures coupables au point de sacrifier l'objet unique de ses complaisances suprêmes, pour pouvoir leur pardonner sans que sa justice soit blessée.

Sans que sa sainteté reçoive la plus légère atteinte.

Sans qu'il puisse être accusé de la plus légère connivence pour le mal.

Le Dieu chrétien est donc tout à la fois la justice vivante et la miséricorde vivante, la sainteté immaculée et l'amour avide de sacrifices. »

Le matérialisme amène les générations actuelles à ne voir que les biens de ce monde.

1. Abbé de Broglie. *Histoire des religions*. Retou-Cretré, Paris, rue de Rennes, 70. 1 vol. excellent exposé à lire.

« Il faut, dit le fils de la terre, se construire une demeure inébranlable. Il faut vivre et régner sur cette terre, et jouir de ses biens.

« Cela dit, son âme est vendue : elle est esclave sous le joug de ce monde et de son antique tradition : les richesses, les plaisirs, les honneurs, tels qu'ils sont faits, et les moyens d'y parvenir, tels qu'ils sont en usage, c'est à quoi l'âme est livrée tout entière, de tout son cœur et de toutes ses forces.

« Alors le vieux cortège des satellites du monde s'empare de l'âme ; l'ambition, l'avarice, l'orgueil, l'envie, la haine, la crainte, l'espérance, la colère et le désespoir ne lui laissent plus aucun repos. Ces violentes passions le déchirent, pendant qu'au fond la putréfaction douce des voluptés la mine et la dissout.

« Les âmes, par milliers et milliers, ne sont-elles pas ainsi dévorées sous nos yeux ! n'est-ce pas la voie commune et la marche fatale qui les porte, bien ensevelies, dans le sommeil, jusqu'à la mort !

« Heureuse l'âme qui, à l'entrée de la vie, prévoit cette histoire et ce terme ! Heureuses les âmes vivaces et les esprits lucides qui regardent la route jusqu'au bout ! Heureux ceux qui, voyant passer les humains comme des troupeaux que la mort mène, s'écartent et cherchent une autre voie, s'il en est une, qui conduira à la vie ! » (p. 18).

(*La Connaissance de l'Ame.* H. Gratry, chez Douniol.)

Voici la voie du catholicisme. Vous ne pouvez

nier qu'elle ne soit belle ; que notre Dieu ne soit sublime et qu'il n'est pas possible de se représenter la Cause première du monde plus grande par les sentiments. En effet, elle atteint par le cœur un sommet aussi élevé que par la puissance et la science. Ce sommet y est même trop grand pour notre cœur chétif qui a peine à étendre ses aspirations jusqu'à ces hauteurs.

Cependant notre raison, surmontant les brouillards accumulés par l'esprit du mal, arrive à la conviction absolue de la grande cause intelligente qui gouverne l'univers et qui est en même temps maîtresse et organisatrice de notre âme comme de notre corps. Notre âme n'est pas un agrégat moléculaire, un caillou. Elle est, comme la Cause première, une essence supérieure à la matière, nous l'avons prouvé. Cette matière, ce monde dans son immensité, elle le parcourt aujourd'hui du regard jusque dans ses nébuleuses les plus éloignées, elle en mesure le mouvement à une seconde près dans le cours d'un siècle, elle en pénètre la constitution intime jusque dans son alliance avec l'essence immatérielle de la vie. Ainsi nous voilà bien en rapport avec Dieu par la science. Bientôt par ses moyens de locomotion, par la rapidité de la transmission de la pensée, l'humanité tout entière va prendre les mêmes mœurs, les mêmes idées pour le grand combat final de la bête contre l'Esprit.

Vous, à qui ce livre tombera sous la main, considérez-vous, par ce fait, comme prédestiné, comme appelé par Dieu à combattre dans ses rangs. Ne restez pas sur les doutes accumulés dans votre esprit, approfondissez-les et allez à la lumière. Laissez les romanciers qui brodent sur nos origines préhistoriques à leurs savantes divagations : les Max Muller et les partisans du primitif fétichisme. Là où les faits authentiques manquent, règne la folle du logis.

Venez à Jésus. « Depuis l'époque de la composition de la *Genèse* jusqu'à celle de l'*Apocalypse*, il s'est écoulé environ mille cinq cents ans. Le nombre de livres écrits dans ce laps de temps, et dont la réunion constitue la Bible est de 70. Leurs auteurs sont très différents les uns des autres, non seulement par le temps, mais aussi par les lieux où ils ont vécu et même par la langue dans laquelle ils ont écrit. Bien plus, la Sainte Ecriture comprend deux parties principales, l'Ancien et le Nouveau Testament, qui émanent de deux religions dont les sectateurs, les juifs et les chrétiens, se regardent comme ennemis depuis dix-huit siècles. Et néanmoins il règne dans tous les Livres Saints la plus profonde et la plus admirable unité.

« Ces soixante-dix livres d'origine si diverse forment pour le fond un tout complet et suivi. Aucune autre littérature n'offre rien de semblable. Parmi les écrits qui forment cette collection, les uns sont historiques, les autres poétiques : ceux-ci prophétisent l'avenir, ceux-là enseignent à bien vivre : mais n'importe, quelle que soit leur physionomie particulière, ils ne sont qu'une partie d'un même tout, un membre, si l'on peut ainsi parler, de ce corps divin ; chaque écrivain a pu imprimer, à son style, son caractère propre, il n'en est pas moins le secrétaire du Maître qui dicte à tous, en laissant à chacun une certaine liberté de rédaction ; du Maître qui, en se servant d'instruments divers, suit un plan uniforme et développe successivement une pensée unique.

« Cette pensée unique, qui constitue l'admirable unité de la Bible, c'est le mystère de la Rédemption. Jésus-Christ attendu, voilà tout l'Ancien Testament: Jésus-Christ venu voilà tout le Nouveau. » (1).

Ces soixante-dix auteurs nous ont donc laissé leur témoignage authentique sur le Dieu que nous adorons. Tous ont donné le même caractère, la même physionomie, les mêmes tendances paternelles et providentielles pour notre misérable humanité : nous prouvant que Dieu, en nous donnant une âme intelligente capable de le comprendre dans ses œuvres, a voulu aussi nous avoir par le cœur.

Il a en effet un baume pour toutes nos plaies ; il connaît tous les replis du cœur humain, il en satisfait toutes les aspirations. Quelles que soient les demandes, même les pourquoi ? de notre raison, il sait les satisfaire. Avec notre Dieu nous savons tout,

1. *Manuel Biblique* par F. Vigouroux. Jouby-Roger, rue des Grands-Augustins, 7.

nous aimons de toute la puissance de notre âme et nous trouvons la paix dans une foi conforme à la raison.

Fort bien ! Mais qu'est-ce qui me donne la certitude, la vérité de votre religion ?

Réponse : Quoiqu'on en dise, les idées surnaturelles ne dérivent pas de la sensation, de la matière, elles ne s'inventent pas ; et quand elles pénètrent tous les peuples, de tous les temps, ce sont des idées innées, des instincts moraux mis en nous par l'auteur de toute chose. Enumérons-les : ce sont : la croyance au surnaturel, la crainte des choses invisibles, les esprits, Dieu, la prière, l'adoration, l'âme immatérielle, la vie future, le mal, la punition, le remords, l'expiation, la purification, le sacrifice, le pardon, la rédemption, la réhabilitation, les objets consacrés et enfin la confession qu'il ne faut pas confondre avec l'*absolution*, don sublime de Jésus, acquis par ses mérites, source unique de paix et d'espérance.

Les malheurs qui assiègent la vie peuvent conduire les hommes de bien aux idées d'ascétisme, du célibat volontaire, de pauvreté volontaire, de la vie en commun, de la commisération pour les pauvres, pour toutes les infortunes.

Toutes les religions contiennent une partie de ces idées, mais mélangées à un alliage plus ou moins impur, toutes pactisent plus ou moins avec les passions et les pouvoirs oppresseurs. Le christianisme seul renferme dans son sein toutes les parties nobles et élevées des autres religions, toutes les idées divines, les réunissant dans une admirable harmonie ; s'adaptant ainsi à toutes les aspirations légitimes du cœur humain, à tous les besoins moraux de l'humanité.

D'autre part, elle n'est entachée d'aucune erreur, d'aucun défaut, d'aucune impureté, d'aucune défaillance vis-à-vis les pouvoirs oppresseurs, elle est bienfaisante pour les malheureux, elle a inventé la miséricorde et elle n'est combattue que par les mauvaises tendances humaines. C'est donc le Bien absolu, réalisé, descendu sur la terre, c'est la réhabilitation, l'espoir et l'amour. C'est la Vérité, ou Dieu n'est pas Dieu.

Il y a un fait mystérieux qui plane sur notre destinée, c'est la déchéance. L'humanité a un fond mauvais ; et cependant l'aspiration, au beau, au vrai, au juste existe aussi : c'est donc que Dieu veut extraire de cette fange les âmes qui aspireront à en sortir pour aller au bien. Il ne demande que le mérite de la bonne volonté. C'est en cela que la fange, le Mauvais était nécessaire pour le combat, pour la récompense.

Vous étudiez toutes les philosophies anti-chrétiennes et vous ne vous doutez pas que les philosophes chrétiens de tout temps ont dépassé de mille coudées vos amis, anciens et modernes. Essayez-en !

DEUXIÈME PARTIE

Les dernières découvertes scientifiques confirment la nécessité d'une cause surnaturelle

---

Etat radiant

Certains corps, le radium en tête, ont prouvé l'existence de nouveaux agents rayonnants qu'il fallait placer à côté de l'électricité, de la chaleur et de la lumière. Ils sont actuellement au nombre de trois principaux ayant des corrélations intimes. On en constate des traces sur tous les corps y compris le corps humain. Il se fait en même temps un dégagement constant de chaleur dont on ne peut trouver la source dans la transformation de l'énergie.

Ces rayons invisibles se révèlent principalement par la faculté de rendre certains corps phosphorescents, de sensibiliser les plaques photographiques. C'est ainsi qu'on a pu constater que le rayon X, l'un des trois, transperce les corps opaques avec plus ou moins d'intensité suivant la nature de ces corps. Ces variétés d'effets sur les corps composés de diverses substances permettent comme les clairs et les ombres de la lumière, de dessiner leur image sur la plaque phosphorescente ou photographique placée derrière le corps : accentuant ainsi les parties que ces rayons ne traversent pas ; par exemple les os de notre squelette, le siège d'une balle.

Ces rayons entraînent une substance, une *émanation,* tellement légère qu'elle n'est pas sensible à la balance et qu'elle permet aux corps radiants de paraître à peine diminuer de volume dans un temps très long. Elle a de l'analogie avec un corps que l'on croyait d'abord n'exister que dans le soleil, l'hélium et qu'on a découvert précisément dans des corps analogues, mais elle n'en a pas la stabilité et se cache bientôt à nos moyens d'investigation. On en a conclu que les corps radiants subissent par ces émanations un commencement de décomposition des principes constitutifs de la matière que nous appelons atomes, parce que nous ne connaissions encore aucun agent pour les entamer.

Or l'étude des atomes a montré que leur poids et leur capacité pour l'énergie sont en rapports très simples avec le poids et la capacité du plus léger, l'hydrogène. Donc les atomes de tous les corps pouvaient être simplement des multiples de celui de l'hydrogène réunis en molécules. L'hypothèse est acceptée depuis longtemps et conclut avec raison à l'unité de la matière. Mais rien cependant ne prouvait que l'atome de l'hydrogène fût lui-même le dernier degré indécomposable de la matière, le même pour tous les corps simples, car on n'a en somme qu'une certitude de proportionnalité entre les atomes des divers corps élémentaires. En effet, on sait que l'oxygène a 16 fois plus d'atomes que l'hydrogène. Si l'hydrogène a 1.000 éléments primitifs, 1.000 particules, l'oxygène doit en avoir 16.000. Voilà la seule certitude, une certitude de rapports. L'esprit humain ne peut jamais en constater d'autres. Or, l'étude de l'électricité semble prouver que l'atome de l'hydrogène a en effet 1.000 particules capables de transporter l'électricité ; les autres corps simples ont aussi un certain nombre de ces particules et chez tous *elles sont semblables. Elles pourraient donc être les éléments primitifs de la matière.*

L'émission ou émanation, qui accompagne les rayons radio-actifs, étant aussi la même pour tous les corps radiants, semblerait donc être composée de ces éléments électro-atomiques. Ce serait donc le corpuscule électrique et non l'atome qui représenterait le dernier élément de la matière, lequel serait pareil dans tous les corps.

« Or, ces corpuscules, d'après M. de Lapparent, ces millièmes d'atomes, se montrent, à l'état isolé, pourvus d'une charge électrique considérable. Lors de la réunion des corpuscules en atomes, on a calculé la quantité d'électricité transformée en chaleur. De ce chef 1 gramme d'hydrogène dégage une énergie calorifique capable d'élever de 14.000 degrés la température de 1 gramme d'eau. »

Cette chaleur ne peut qu'être la dépense de l'énergie perdue dans la formation de l'atome avec les particules électriques. L'atome ne serait plus principe mais molécule chimique, subissant ainsi la loi de dégradation de l'énergie à mesure que la matière subit des combinaisons de plus en plus stables. M. Le Bon calcule qu'en plus chaque particule électrique conserve dans l'atome un foyer immense d'énergie, malgré la perte subie pour passer à l'état d'atome.

Nous le croyons sans peine. En effet, les atomes isolés contiennent plus d'énergie que leurs composés chimiques et ceux-ci en perdent successivement à mesure qu'ils arrivent à des combinaisons plus stables : ainsi les gaz en ont plus que les liquides, ceux-ci plus que les solides. S'il en est ainsi en descendant, par contre, des particules plus légères, plus subtiles que les gaz, plus primitives que les atomes doivent contenir plus d'énergie que les atomes eux-mêmes.

Rapportons ces notions à la composition du soleil. On sait que l'atmosphère gazeuse de cet astre contient surtout de l'hydrogène. Mais au delà de l'hydrogène il y a une zone plus excentrique appelée coronium, marquant ses raies dans la partie verte du prisme. Elle est la plus légère puisqu'elle s'éloigne le plus du centre, plus légère que l'hydrogène, c'est donc une forme de la matière plus élémentaire. Elle peut être analogue aux corpuscules électriques qui resteraient ainsi matière; sans transformer celle-ci, comme le voudraient certains savants, en éther ou en électricité pure : en sorte que suivant eux, mais sans preuve, la matière n'existerait pas.

Etant donné que par l'irradiation du calorique dans l'espace, la substance du soleil se contracte et que ses combinaisons chimiques se dégradent, on peut admettre que le coronium se transforme peu à peu en hydrogène plus stable et qu'il dégage de ce fait une masse de calorique énorme dont la durée restera constante jusqu'à la transformation de tout le coronium en hydrogène. Ainsi s'expliquerait, il nous semble, la constance de l'intensité calorifique actuelle du soleil.

Donc en résumé les atomes sont tous composés de particules semblables, avec une réserve énorme d'énergie ; mais perdant en certains cas quelques-unes de ces particules pour produire l'état radiant ou rayons actifs, de la chaleur, plus une émanation matérielle Phénomènes nouveaux encore incomplètement étudiés et qui réservent bien des surprises.

Telles sont les notions nouvelles que l'on a sur la matière. On voit qu'elles convergent vers l'unité de Cause, encore plus que la théorie des atomes ; puisqu'elle serait uniquement composée de corpuscules électriques semblables.

Reste à constater ce que l'on sait sur les forces qui la mettent en mouvement.

Energie, énergétique.

Le fait scientifique le plus remarquable de ces dernières années est le progrès surprenant accompli, grâce aux mathématiques pures, dans le domaine de la physique et de la chimie. Il n'y a plus de phénomène que l'analyse mathématique ne prétende mettre en équation. Mais qu'est-ce que l'analyse portée sur le calcul sinon la recherche et la constatation des lois, des règles mathématiques que Dieu a imposées à tous les corps, à tous leurs phénomènes, à toute la nature. Par l'analyse mathématique nous pénétrons donc chaque jour plus intimement dans la volonté créatrice et nous pouvons en admirer ainsi les prodigieuses applications. Dieu par cette analyse nous permet même de concevoir la possibilité de l'existence de mondes ordonnés sur d'autres dimensions de l'espace que les trois nôtres; il les a peut-être créés; mais en même temps il nous démontre qu'il n'était pas possible d'adapter une géométrie plus parfaite aux phénomènes de notre monde sidéral. N'y a-t-il pas là une cause intentionnelle démontrée par le calcul ? Quelle constatation de la puissance intuitive de Dieu, de son intelligence !

Dieu a tout créé par poids et mesure, a dit la Bible la première. Il a donné à l'esprit humain la puissance, non seulement de le constater, analyse mathématique appliquée, mais par l'analyse pure théorique, prescience admirable, de devancer les découvertes les plus extraordinaires comme la télégraphie sans fil, une des conséquences du génie de Maxwel .Maxwel avait dit : Voici une nouvelle loi qui découle logiquement des lois connues, mais elle n'a jusqu'ici aucune application ; cherchez ! et Hertz a trouvé. Ne semble-t-il pas que Dieu guide l'intelligence de l'homme pour exécuter ce qu'il a résolu dans ses desseins impénétrables ? et ici comme dans toutes les découvertes modernes, ne semble-t-il pas que tout converge à faciliter les relations des peuples pour ne former qu'un seul moule intellectuel et préluder au grand combat de l'Esprit et de la Bête, du Christ et de l'Antechrist.

Tout savant croit donc à la logique des faits, aux mathématiques pures, à leur infaillibilité. Comment l'aisse-t-il dans l'ombre l'infaillibilité du Grand Savant qui les a créées et appliquées. Aurait-il la prétention de les avoir créées lui-même ? ce n'est pas loin de sa pensée quand il affirme le progrès indéfini de l'esprit humain, incarnation de la nature, dont il est nécessairement l'efflorescence actuelle. Comme si découvrir, constater un fait était la même chose que de le produire. Comment le savant arrive-t-il à créer ses inventions ? en étudiant les lois auxquelles le monde est soumis ; et le monde par lui-même est passif et incapable d'intelligence, de choisir ses moyens(*intereligere*, définition de Littré).

La nature obéit à l'homme comme le mulet et si elle avait eu de l'initiative, il y a longtemps qu'elle aurait secoué cet insecte qui la pique et la dégrade. Si Maxwel a prévu un moyen, si Hertz l'a trouvé, si Branly et Marconi l'ont appliqué, Dieu a conçu le monde et l'a exécuté.

Le mathématicien, le géomètre, le mécanicien, l'astronome, le physicien, le chimiste plus que le vulgaire, en constatant la concordance et l'harmonie de tous les phénomènes, la diminution chaque jour des causes secondes, la convergence de toutes vers l'Unité, doivent logiquement conclure à une cause unique, logique elle-même dans tous ses actes, au Grand Savant, au suréminent Architecte, Dieu. Si l'homme maîtrise la matière, c'est que Dieu l'a maîtrisée le premier.

Energétique

Les forces de la matière ayant toutes la propriété de se transformer les unes dans les autres en proportion sensiblement équivalentes, on avait donné à leur ensemble le nom d'énergie ; mais celle dont toutes les autres dériveraient, d'après les préférences actuelles, serait le *mouvement*, soumis aux lois des mathématiques et de la mécanique, l'énergétique, qui fournit en effet des données surprenantes à la science.

Nous serions cependant porté à donner le premier rang à l'électricité, qui est la force vivifiante, car l'étincelle électrique en traversant les gaz produit à la fois lumière, chaleur, mouvement, son, rayons hertziens, et quand elle passe dans un gaz raréfié on voit aussi qu'elle engendre les rayons radio-actifs. Enfin dans les liquides elle produit les réactions chimiques. Voilà bien toutes les forces de la nature. C'est donc en elle que se concentre l'intensité d'action de l'énergie ; c'est sous cette forme qu'elle doit exister dans le soleil et dans les entrailles de la terre. Mais la théorie mécanique de l'énergie n'en persiste pas moins puisque l'électricité se manifeste par le mouvement, et ce mouvement comme tous les autres obéit aux lois divines du calcul.

Constitution des Atomes

Pour expliquer par le mouvement, seule cause du monde, les phénomènes qui se passent dans les atomes, il faut d'abord partir de ce fait qu'il n'y a que trois sortes de mouvements principaux : 1° Le direct ou de projection ; 2° le circulaire : courbes diverses, ou hélicoïdes, tourbillons ; 3° l'ondulatoire ou vibratoire, ou oscillatoire, ou alternatif, ou positif et négatif; tous ceux-ci du même genre et de même origine. Ces trois sortes de mouvements ont la propriété de se transformer l'un dans l'autre.

David lance sa fronde, tue Goliath. Il a transformé une force circulaire en une force de projection, et cette force a été proportionnelle à la vigueur du bras. Arrêtez avec le bout du doigt une toupie en mouvement, vous la projetez plus ou moins loin, suivant l'intensité de son mouvement circulaire. Autre exemple : une balle de fusil est violemment lancée par un corps explosif; celui-ci contenait donc une quantité considérable d'énergie latente transformée maintenant en mouvement rectiligne équivalent. Sous quelle forme se trouvait l'énergie dans l'explosif? circulaire ou ondulatoire nécessairement, il n'en existe pas d'autre. Cette réserve d'énergie dans l'explosif est d'ailleurs calculée. On sait la quantité d'énergie nécessaire, suivant la distance à parcourir et le volume de la balle. Deux de ces données permettent donc de trouver la troisième.

Ces notions appliquées aux corpuscules de la matière radiante ont permis de calculer, d'après leur vitesse de projection, quelle est la quantité d'explosif, c'est-à-dire d'énergie qu'ils possèdent. Ce calcul conclut à des chiffres effrayants.

Dans la théorie énergétique c'est avec ces combinaisons de mouvement qu'il faut expliquer tous les phénomènes physiques et chimiques du monde : les atomes et leurs particules étant seuls en jeu. Les mathématiciens mécaniciens se font fort d'en résoudre tous les problèmes. Ce n'est pas facile et on pourra en juger par des citations. Mais encore ici nous allons vers l'unité de Cause.

Voyons d'abord les conclusions de M. de Lapparent (1) :

« A la suite de ces sensationnelles découvertes, fruit de ces dernières années, de brillants esprits ont conçu, relativement à la constitution de la matière, des hypothèses d'une séduisante originalité. Pour eux chaque atome serait un monde stellaire en miniature, où des milliers de corpuscules, chargés d'électricité négative, circuleraient comme satellites à raison de 600 ou 1.000 trillons de tours par seconde, autour d'un ou plusieurs centres positifs, de façon à constituer un système neutre. De temps en temps une action puissante réussirait à dégager de sa servitude un de ces satellites, qui deviendrait alors un véhicule d'énergie pratiquement impondérable à cause de sa petitesse, et n'infligeant à l'atome d'où il s'est échappé qu'une diminution inappréciable ; diminution qui, d'ailleurs, ne serait pas appelée à se renouveler, le départ du fugitif laissant prédominer un excès d'électricité suffisant pour défendre désormais le système contre toute atteinte nouvelle.

1. *Science et Apologétique*, par H. de Lapparent, de l'Académie des Sciences, Librairie Blond, rue de Rennes, 59.

« Ces petits mondes atomiques pourraient différer les uns des autres par le nombre et les trajectoires de leurs corpuscules. Naturellement ceux auxquels la chimie est amenée à attribuer un poids atomique considérable auraient un plus grand nombre de satellites ; et par conséquent parmi ceux-ci, il s'en trouverait forcément qui décriraient des orbites plus éloignés que les autres du centre commun. Pareils au Neptune du nôtre, ils seraient plus faiblement retenus sous l'empire de ce centre. On comprendrait alors que sous certaines influences, il leur fût possible d'échapper à son attraction. Tel serait le cas des corps radio-actifs, car il est établi qu'ils se distinguent précisément par la haute valeur de poids atomique, qui dépasse deux cents fois celui de l'hydrogène.

Il n'y *aurait plus ainsi qu'une matière, le corpuscule* et *qu'une force, l'électricité*. Les qualités occultes d'Aristote, qu'on a tenté récemment de faire revivre, pourraient trouver à s'expliquer sans mystère par le nombre des corpuscules, la dimension de leurs orbites, la vitesse avec laquelle il les parcourent, etc.

« La nature des corpuscules continuerait d'ailleurs à se prêter à toutes les hypothèses. Les uns pourraient les regarder comme de l'éther condensé. D'autres, avec lord Kelvin, y verraient le lieu des points où l'éther est animé de mouvements tourbillonnaires ; ou, avec Riemann, les lieux des points où l'éther est constamment détruit ; ou encore, avec Wiechert et Larmor, le lieu des points où l'éther subit une torsion de nature particulière.

« Illusions, rêves d'imagination, chimères dangereuses ! s'écrieront sans doute les logiciens, implacables ennemis de toute théorie, défiants par nature à l'égard des images trop nettes parce qu'ils ont trop soigneusement catalogué les hypothèses qui se sont successivement supplantées après une vogue mouvementée. C'est possible, et pourtant on ne saurait méconnaître la haute signification de cette poussée de découvertes nouvelles, toutes orientées spontanément vers la même direction, et aboutissant par les voies des plus diverses à la même notion d'*unité*. En même temps on voit les formules mathématiques s'appliquer avec une égale aisance à des catégories de phénomènes qu'on croyait autrefois dépourvus de liens naturels... A dater de ce moment on a pu concevoir l'ambition d'embrasser tous les phénomènes de la nature sous la double loi de la *moindre action* et de la *conservation de l'énergie* ; et on sait combien cette notion a été féconde en donnant naissance à la mécanique chimique. »

Il y a à retenir de ces conclusions que l'unité de la cause du monde est de plus en plus prouvée par la science. Nous reviendrons sur le principe de la moindre action pour procurer une direction, une Providence.

Conclusions de M. Le Bon

« Si les recherches actuelles ébranlent les fondements même de l'édifice de nos connaissances et, par voie de conséquence, toute notre conception de l'univers, il s'en faut de beaucoup pour qu'elles nous révèlent tous les secrets de l'Univers. Elles nous montrent que le monde physique qui semblait quelque chose de très simple, régi par un petit nombre de lois élémentaires, est au contraire d'une effrayante complexité. Malgré leur infinie petitesse, les atomes de tous les corps, ceux par exemple dont se composent les éléments du papier sur lequel sont écrites ces lignes, apparaissent maintenant comme de véritables systèmes planétaires, guidés dans leur vertigineuse vitesse par des puissances formidables dont nous ignorons totalement les lois. Les voies nouvelles, que les recherches récentes ouvrent aux investigations des chercheurs, commencent à se dessiner à peine. C'est déjà beaucoup de savoir qu'elles existent et que la science a devant elle un monde merveilleux à explorer. »

Ces lois vous les trouverez, parce que Dieu les a imposées à l'univers et qu'il se plaît à les révéler à l'homme par le travail, par l'étude des phénomènes et de leurs rapports. C'est ainsi qu'il lui dévoile son [illegible]ie pour se faire glorifier. Il lui a donné les mathématiques pour constater ces rapports et depuis que le savant les prend pour base dans toutes les branches de la science, il avance à grands pas, en constatant *l'idée préexistante dans tous les phénomènes de l'univers.* Mais l'essence de l'univers comme celle de Dieu est inaccessible, et plus on croit l'approcher et plus elle recule. Elle n'est pas Dieu, mais elle est de Dieu, hors de la portée de l'esprit humain ; mais il faut l'accepter comme il faut accepter l'essence divine.

La science apprend sans preuves tangibles que dans chaque particule imperceptible du papier il y a toute une constellation d'étoiles qui tournent, tourbillonnent, s'attirent, se repoussent et elle ne pourrait admettre que chaque particule imperceptible d'hostie consacrée ne contienne les éléments d'un être vivant ? Où est le plus grand mystère ?

L'homme serait donc placé entre l'extrêmement grand et l'extrêmement petit, en bonne situation pour porter le regard vers l'infini. Il a ainsi la preuve que Dieu l'a créé pour en pressentir les harmonies par la science et pour lui en rapporter la gloire, les savants tout les premiers. Le mystère d'origine est dans l'infiniment petit ; mais la certitude sur l'extrêmement grand est effrayante d'étendue.

De Lapparent : « La science constate aujourd'hui que les lois de la gravitation, fondées par Newton, s'étendent à tout l'univers. Les recherches les plus minutieuses l'ont constaté. En ce qui concerne notre soleil et ses satellites les mouvements sont prévus à moins d'un écart d'une demi-seconde par siècle.

« La spectroscopie a non seulement dévoilé la composition des astres, des comètes et des nébuleuses, mais elle a même décelé la vitesse de leur mouvement propre.

« Elle montre que la plupart des corps connus à la surface de la terre existent dans le soleil à l'état de vapeur.

« L'étude du mouvement des étoiles doubles ou multiples a révélé en quelque sorte l'*unité primordiale qui règne dans l'univers* ; car elle a montré que, dans ces systèmes éloignés, la matière obéit aux mêmes lois de l'attraction que dans le système solaire.

« Par le spectroscope et le calcul on est arrivé à conclure que certaines étoiles simples à nos grossissements devaient être doubles. Sirius, entre autres, avait des mouvements irréguliers inquiétants. Quel corps céleste pouvait donc l'influencer ? En 1862, on découvrit le coupable. C'est une étoile de dixième grandeur dont l'éclat était obscurci par son superbe compagnon.

« Nos 30 millions d'étoiles connues et réunies dans un atlas appartiennent toutes à notre nébuleuse (la voie lactée) et les 10 mille nébuleuses non réductibles sont en dehors de la voie lactée. Il est donc probable qu'elles sont des voies lactées inaccessibles à nos instruments. »

Ce n'est donc pas de la matière en voie de formation comme le désirent les partisans de la matière éternelle. Ils mentent ou ils ignorent ceux qui l'affirment dans les revues et les journaux innombrables inspirés par la secte de l'antechrist.

Devant l'étendue immense des faits connus, l'esprit est confondu et pris d'enthousiasme pour l'auteur suprême. Plus les rouages de cette grande machine sont nombreux et compliqués, plus la régularité impeccable de leurs mouvements réclame un habile constructeur et un adroit mécanicien. Il faut aveugler sa raison pour prétendre que cela va tout seul, se maintient sans l'œil du maître, et que l'homme seul, ce moucheron, est seul l'auteur de ses œuvres.

Oh ! Maître souverain : que tu es grand, que tu es puissant, que tu es sublime et combien je te remercie d'avoir élevé mon intelligence à ces hauteurs inaccessibles aux bêtes et à la nature. Mais ne m'as-tu élevé si haut que pour me faire tomber dans le néant. Oh non ! Je te verrai face à face, suivant tes promesses, pour mon bonheur ou mon malheur suivant la sentence de ma conscience mise à nu. Aie pitié de moi ; laisse-moi contempler tes beautés et m'absorber dans ta gloire !

Qu'ils sont malheureux ces pauvres savants qui, de parti-pris, ne veulent pas remonter jusqu'à la cause intelligente et directrice du monde. A quelle incohérence n'arrivent-ils pas en voulant faire de la cause première une poussée inconsciente. Malgré mon admiration pour le talent de M. Le Bon, je suis obligé d'analyser ses conclusions sur la constitution de la matière, pour montrer le vague des idées quand on veut éviter le principe divin.

« Dès qu'on a pu soulever le voile des apparences, la matière, si inerte d'aspect, s'est montrée d'une organisation extrêmement compliquée et *possédant une vie intense* (vous entendez : par sa propre vertu). Son élément primitif, l'atome, est un système solaire en miniature, composé de particules tournant les unes autour des autres sans le toucher et poursuivant incessamment leur course éternelle, sous l'influence des forces qui les dirigent. Si ces forces cessaient d'agir un seul instant, le monde et tous ses habitants seraient instantanément réduits en une invisible poussière.

A ces équilibres prodigieusement compliqués de *la vie* intra-atomique se superposent, par suite de l'association des atomes, d'autres équilibres qui les compliquent encore. *Des lois mystérieuses* uniquement connues par quelques-uns de leurs effets, interviennent pour *édifier* avec les atomes les édifices matériels dont les mondes sont formés. Relativement très simples dans le règne minéral, *ces édifices se sont compliqués* graduellement et ont fini après de lentes accumulations d'âges, par *engendrer* ces associations chimiques extrêmement mobiles qui constituent les êtres vivants. »

Ainsi la vie, c'est-à-dire l'action intelligente et directrice d'un principe vital est le propre de la matière. C'est de cette vie propre que découle la vie des êtres vivants. Plus d'intervention divine. L'intelligence même n'est plus nécessaire, car lisez et croyez : « Des lois seules, voyez plus haut, plus mystérieuses il est vrai que la Trinité, y suffisent pour faire ces édifices. Les lois cependant n'existent pas sans un législateur. Napoléon III aurait été bien heureux de s'en tirer par un décret pour construire l'Opéra. Mais c'est bien plus fort, un édifice, sans le secours de personne, en bâtit une multitude d'autres : en y mettant le temps par exemple. Car lorsqu'une conception est par trop paradoxale, on met son exécution à la charge du Dieu Temps, qui a bon dos et à qui, comme Darwin, on en demande aussi la réalisation dans les siècles des siècles futurs. Mais j'oubliais le miracle le plus surprenant. Ces édifices, qui *se sont multipliés* et compliqués par leur propre vertu, *ont engendré*, oui, ont engendré des syndicats d'ouvriers chimiques, extrêmement mobiles ; ah oui ! qui fabriquent les plantes et les animaux.

C'est tout, la création est faite. C'est bien plus clair que la Genèse. Si cependant il y a des expressions métaphoriques essayez de les rendre plus intelligibles, plus précises.

Voilà les conclusions qui suffisent aux savants et aux malheureux qui les écoutent avec le même parti-pris inconscient de faire abstraction de Dieu. Pauvres élèves, ne les appelez pas maîtres, car vous n'avez qu'un seul maître, qui est aux cieux, et qui leur distille sa lumière, les ingrats. Et quand ils vous débitent, *ex-cathedra*, leurs conclusions infaillibles, passez-les d'abord au crible de votre raison, ne les croyez jamais sur parole ; ne soyez le disciple de personne. A chaque arrêt de la science dans l'inconnu, à chaque pas, ils vous disent avec désinvolture : nous ne nous occupons pas des causes mystérieuses, elles sont inconnaissables, nous ne nous occupons que des faits. Un mathématicien dira même : nous ne reconnaissons que des quantités. Traduisez : nous ne voulons rien savoir au delà, car jusque-là, la grande intelligence c'est nous.

Ah ! philosophes, mes amis, que le bâton de Molière vous serait nécessaire pour revenir au bon sens par la douleur. Que penserait M. Le Bon si on lui disait : « Peu m'importe qui a mis à jour la radioactivité ; que l'honneur même de la chose lui ait été subtilisée par un immortel, je m'en soucie peu. Le savant ne s'occupe que des faits. » C'est cependant la réponse au ci-devant Dieu.

Quand toutes les causes du monde convergent vers l'Unité, il faut bien cependant donner à la cause principe toutes les puissances, toutes les qualités connues, avec l'immensité. Donc si l'homme a une intelligence et une volonté, cette cause primordiale est l'intelligence et la volonté supérieures. Elle est libre et non enchaînée comme l'est la nature. Son action est constante, universelle et éternelle, car elle ne peut avoir de limites. Ainsi, en ce qui concerne la vie, il n'y a pas à se demander comment, par exemple, une intelligence directrice peut être logée sous forme de principe vital instinctif dans chaque cellule, dans chaque organe, dans chaque plante, dans chaque animal. C'est là où échouera toujours notre intelligence bornée pour saisir le comment. Mais ce comment est un fait que Dieu seul peut produire. Il est de même impossible de comprendre comment Dieu peut être à la fois dans chaque conscience, par la raison que le fini ne peut embrasser l'infini. Mais c'est limiter la puissance du Tout-Puissant en prétextant qu'il aurait trop à faire pour diriger chaque conscience, encore plus pour diriger les destinées des mondes. Remarquez que chaque objection contre Dieu le rapetisse. Il n'y a qu'une manière de concevoir Dieu, c'est de lui reconnaître tout ce qui est, tout le possible dans le bien. Ce qui est de Dieu est fécond, ce qui n'est pas de lui est stérile ou nuisible ; car le mal est un fait, et il faut admettre à côté de l'esprit du bien l'esprit du mal, ou le problème humain est insoluble.

Vie de la matière

Aujourd'hui, pour chasser l'intervention divine, le matérialiste, ne pouvant rattacher la vie à la matière, par la raison qu'on ne peut lui faire produire ni un germe, ni un plasma nourricier, ne rêve qu'à trouver, dans les manifestations du minéral, des ressemblances avec les formes ou les propriétés de la vie.

C'est là le nouveau mode d'attaque contre Dieu. Tout ce qui donne l'illusion de l'initiative et de l'intelligence à la matière est reçu avec enthousiasme, colporté dans tous les journaux et les revues, à la grande satisfaction des consciences troubles.

Cette nouvelle science fait pendant à l'exégétique qui, à la moindre contradiction apparente des textes bibliques fait pousser des cris de joie, retentissant dans les cinq parties du monde. Car la secte satanique aux cent bouches est en éveil pour inspirer et colporter tous ces arguments, pâture quotidienne des oies de la libre pensée.

Accostez ces grands intellectuels : « Vous savez, vous disent-ils avec ironie, nous faisons des cellules avec l'encre de Chine. Vous prétendez que le cristal est matériel, hé bien ! avec des microbes on vous fera des cristaux à volonté. Il n'y a pas de différence entre la vie et le minéral. Etirez un fil de fer à la filière, arrêtez au moment où il va se casser. Le lendemain regardez, le point qui allait se casser est fortifié ; et en tirant de nouveau, c'est à côté que se fera la cassure. » — « Je comprends, le bastion entamé profite de la nuit pour réparer ses brèches. »

Conclusion : La matière a de l'initiative, de la volonté. On ne cherchera pas à voir si c'est une trempe, un phénomène de cohésion, partie de la physique encore peu connue : non, non, c'est de l'intelligence et le bon Dieu peut s'en aller, nous n'en avons que faire. C'est très bien, mais expliquez alors pourquoi les ingénieurs sont obligés, dans les ponts métalliques, de faire vibrer de temps en temps chaque pièce avec le marteau pour s'assurer qu'elle n'a subi aucune fêlure capable d'en compromettre la solidité. C'est là que l'intelligence du métal devrait fortifier les parties faibles, à moins qu'il ne se venge de ce travail forcé.

Bénissons la main qui nous a donné le fer, c'est le métal le plus utile à l'homme. Il est plus précieux que l'or et le diamant bleu. Par sa flexibilité, sa malléabilité, sa résistance et toutes les admirables qualités que Dieu lui a données, il nous fournit tous les outils, tous les engins. C'est le métal providentiel avec le cuivre. Dieu condamnant l'homme au travail prit en pitié ses ongles et commença l'instruction biblique par l'art du forgeron.

Mais la nature que fait-elle de ce métal ? un caillou fort laid que n'utilise ni la plante ni l'animal. Le lichen le plus sobre n'en veut pas et notre frère junior, le singe, passe à côté sans le regarder.

Voulez-vous connaître les vraies aptitudes de la matière, demandez-le à votre cuisinière, qui tous les jours est obligée de fourbir pour éviter la rouille, le vert-de-gris qui empoisonne. Rouille fut le fer et rouille il reviendra.

La vraie tendance de la matière est de détruire

l'homme et ses œuvres pour revenir aux combinaisons stables et stériles. Quand vous lui verrez jouer un rôle dans la vie croyez que c'est bien malgré elle. L'homme seul vivifie les métaux par le feu en restituant à leurs atomes l'énergie chassée par la matière.

Voilà donc la reconnaissance que l'intellectuel dévoue à celui qui lui a fait un si grand bienfait et qui lui a donné, à lui seul, jamais au singe, la faculté de l'abstraction, de l'observation, de la science qui sonde les dessous des phénomènes et qui découvre ce qu'un caillou peut recéler de force et de grandeur de par Dieu.

M. Le Bon peut franchir les limites de la science dans sa théorie sur la fin de la matière ; il peut être confusément matérialiste, mais il a la vraie qualtié du savant, la sincérité avant tout. C'est lui que nous prendrons à témoin dans ces questions actuelles sur la vie de la matière.

Page 234. — « L'étude de la matière brute révèle de plus en plus, chez elle, des propriétés qui semblaient jadis l'apanage exclusif des êtres vivants. C'est pourquoi une expression comme celle-ci : « La vie de la matière », dénuée de sens il y a seulement vingt-cinq ans, est devenue d'un usage courant. En se basant sur ce fait que « le signe le plus général et le plus délicat de la vie est la réponse électrique », M. Bose a prouvé que cette réponse électrique, « considérée généralement comme l'effet d'une force vitale inconnue », existe dans la matière, et il montre par des expériences ingénieuses « la fatigue » des métaux et sa disparition après le repos, l'action des excitants, des déprimants et des poisons sur ces métaux.

« Il ne faut pas trop s'étonner de rencontrer dans la matière des propriétés qui paraissaient appartenir uniquement aux êtres vivants et il serait inutile d'y chercher une explication simpliste du mystère de la vie encore si peu connu. Les analogies constatées tiennent vraisemblablement à ce que *la nature ne varie pas beaucoup ses procédés et construit tous les êtres, du minéral jusqu'à l'homme, avec des matériaux semblables* et doués par conséquent de propriétés communes. Elle applique toujours ce principe fondamentel de la *moindre action*, qui suffirait à lui seul à établir les équations fondamentales de la mécanique. *Il consiste, comme on le sait, dans cet énoncé si simple et d'une portée si profonde ; parmi tous les chemins conduisant d'une situation à une autre, une molécule matérielle sollicitée par une force ne peut prendre qu'une seule direction, celle qui demande le moindre effort.* On s'apercevra probablement un jour que ce principe n'est pas applicable seulement à la mécanique mais aussi à la biologie. Il est peut-être la cause secrète de ces lois de continuité observée dans beaucoup de phénomènes. » Si la nature était capable de ces prodiges, elle serait Dieu ; car c'est lui donner l'intelligence et la volonté.

Donnons maintenant la parole à M. de Lapparent : page 96. — « La belle ordonnance des choses naturelles se manifeste plus clairement à mesure que l'observation progresse, si bien que chaque science en particulier peut être définie : un effort vers la connaissance de l'*ordre* qui préside à une catégorie déterminée de phénomènes. »

Voilà l'observation de vrais savants, d'esprits lumineux. Mais nous poserons cette simple question : Cette nature n'est-elle pas extrêmement intelligente, volontaire même, puisqu'elle pratique le principe de la moindre action. Si elle met de l'ordre partout l'univers, elle n'est pas aveugle, ni inconsciente, ni passive, ni réfractaire ; elle déroute l'observation, mais même dans ce cas, il n'est plus permis d'être matérialiste, il faut tomber dans le panthéisme. Or avec l'unité de cause nous remontons jusqu'au monothéisme et l'esprit de l'homme ne peut concevoir un Dieu nature enchaîné et fatal sans sombrer lui-même dans l'inconscience et l'irresponsabilité, sans étouffer ses nobles sentiments : l'honneur, la vertu, l'enthousiasme, la liberté. Il ne reste que la force, la servitude, l'instinct perverti, l'ignominie. L'homme devient l'animal le plus redoutable par l'astuce et l'intelligence.

La logique veut que nous descendions à ce degré de déchéance et c'est là où nous conduisent les théories actuelles en faveur, si contraires aux preuves que la science nous donne de la grandeur de Dieu, de l'immensité de son intelligence, de la puissance de sa volonté, de son indépendance absolue de la matière. Des trois qualités qui caractérisent l'homme et qui sont un reflet de celles de Dieu : l'intelligence, la volonté, l'amour, cette dernière seule n'est entrevue en Dieu par la science que sous forme de Providence. C'est elle cependant que Dieu a voulu le plus dévoiler à l'humanité parce que c'est l'amour de l'homme qu'il a voulu chercher en le créant afin de multiplier ce feu divin dans le ciel. Pour cela une révélation était nécessaire, il fallait un exemplaire divin. Depuis, les catholiques savent combien Dieu est aimable et sont seuls capables de lui dévouer un profond amour, en pleine lumière, en pleine raison.

Plantes artificielles de M. Leduc

Disons d'abord que ces essais ne sont pas nouveaux, qu'ils ont eu des précurseurs en Allemagne et que la plupart des savants n'y voient que des phénomènes d'osmose, c'est-à-dire des phénomènes physico-chimiques, au moyen duquel la cage de la vie peut être construite, mais cela ne prouve pas que l'on tienne l'oiseau. Tout le monde est encore d'accord sur ce point, sauf les nombreuses gazettes intéressées à exalter le matérialisme.

Ces jeux de la nature sont très intéressants et

méritent d'être multipliés ; mais surtout d'être étudiés dans leurs causes et leurs comment. L'intelligence humaine, fille de celle de Dieu, y découvrira les procédés qu'il emploie ; ce qui d'abord paraissait impossible en ce qui concerne la vie. Mais quand l'intelligence humaine emploiera ces procédés cela ne signifiera pas que la matière soit capable d'en faire autant, loin de là. Car la chimie minérale n'a jamais fait de sucre, de la gélatine, du cyanogène ; ce que l'homme fait, ou qu'il emprunte à la vie. Il fait aussi l'énergie vive, l'électricité, avec laquelle il remonte le courant des combinaisons chimiques ; après avoir payé le tribut obligé d'énergie perdue en calorique, il force les combinaisons chimiques à aller de nouveau vers l'action, à produire des effets vivifiants, utiles. C'est certainement l'électricité qu'emploie la vie dans ses phénomènes organiques où elle accumule le calorique.

Mettons-nous donc à l'œuvre. Dans une solution contenant de la gélatine, laquelle est très apte à produire des parois osmotiques, contenant beaucoup de carbone, d'hydrogène, d'azote et d'oxygène, matériaux de la vie, mettons en présence : d'une part, le sucre, base de tout embryon suivant Claude Bernard, du sulfate de cuivre, agent de choix pour produire de l'électricité ; et, d'autre part, du ferrocyanure de potassium, additionné d'un peu de sel marin. Dès ce moment l'électricité va couler à plein bord.

On sait que le ferro-cyanure de potassium dissout admirablement les métaux, qu'il est très avide d'oxygène et que son cyanogène est composé d'azote et d'hydrogène, éléments encore utilisés par la vie. Voilà bien les éléments de choix pour mettre la matière en situation de se prêter malgré elle à servir la vie. M. Leduc a donc bien choisi ses moyens. Il peut, comme Dieu, construire la cage ; c'est lui qui remplacera le principe vital.

Mais ne dissimulons rien. On prétend que M. Leduc non seulement construit la cellule, mais qu'il y fait naître la vie ; c'est-à-dire que la cellule prolifère sur place, tout comme la cellule vivante. Halte là ! si le fait est vrai, il n'y a pas à hésiter, il faut chercher par où le principe de vie s'y est introduit, et on le trouvera. Mais, jusqu'à preuve du contraire, le savant n'a pas le droit d'affirmer que l'homme, pas la nature, hein ! a dérobé le feu du ciel.

Il faudrait de toute nécessité s'assurer que l'expérience est possible dans un milieu parfaitement stérilisé, que les agents mis en présence : sucre, sel marin, gélatine, le sont aussi. Or la vie n'est pas localisée dans la cellule, elle se cache jusque dans les grains indécomposables qu'elle contient ; qui se rassemblent en nucléoles, en noyaux, pour constituer les ouvriers de la vie ; qui se montrent sans enveloppe dans les microbes ; dont un seul peut constituer la spore, le germe d'un champignon. Il ne faut pas les confondre avec les granulations moléculaires dont l'emploi est moins important. Or il y a de ces spores qui résistent aux agents chimiques les plus puissants. Voyez la difficulté d'empêcher le principe de vie de pénétrer dans votre milieu de culture. Le sel marin, à lui seul, s'il n'est chimiquement pur, peut être un réceptacle immense de germes marins, sans compter l'eau et l'air ambiant ; et la gélatine, est-elle bien privée de tout germe de vie ? ne précipitons rien. La plante de M. Leduc contiendrait-elle des cellules vivantes, il n'est pas permis de conclure de ce fait qu'il a créé la vie.

Son terrain de culture est tellement intensif qu'il pourrait à la rigueur hypertrophier anormalement un germe, et, d'une plante microscopique, en faire une plante géante plus compliquée. Telle une algue qui pullule dans le tartre des dents, qui porte le nom de Leptothrix et qui se comporte un peu comme l'algue de M. Leduc.

Cellules artificielles

Sur une plaque humide, dans des conditions spéciales, on met en quinconce des gouttes d'encre de Chine et on les voit s'étaler et se limiter par des lignes hexagonales en restant concentrées au centre. En faisant intervenir comme cause l'électricité, les rayons de force de ces gouttes électrisées s'irradieront nécessairement en cercle : arrivés au contact, ils doivent se repousser suivant une ligne hexagonale, car c'est la seule forme géométrique qui permette un contact contigu. Les petites parcelles d'encre dissoutes et entraînées vers les bords devront en dessiner la forme. Voilà l'explication qui nous semble probable.

L'œil est frappé par la ressemblance du dessin avec celui des cellules dites pavimenteuses, ainsi appelées parce qu'elles s'étalent comme un pavé hexagonal. On voudrait donc trouver dans ce fait et d'autres analogues les linéaments de la cellule vivante. Les cellules vivantes, il est vrai, de sphéroïdales qu'elles sont, deviennent hexagonales par leur aplatissement et leur contact réciproque ; ce qui permet d'ailleurs aux phénomènes de l'osmose de se produire sans discontinuité. Mais c'est là toute la ressemblance. Il y a là un simple moyen d'accommodation, comme pour les cellules hexagonales des alvéoles des abeilles où cette forme économise l'espace suivant le principe de la moindre action. C'est là toute la ressemblance et le dessin est un trompe-l'œil pour les conclusions qu'on veut en tirer. Ce n'est pas un phénomène de vie. Une goutte d'encre n'est pas un noyau de cellule, on ne la verra jamais se diviser pour en produire d'autres. L'électricité joue certainement son rôle, ainsi que les autres forces de la nature dans la constitution des organismes ; c'est avec leur concours et la matière que travaille la cause première, comme le fait l'homme, lui-même, grâce à la parcelle de raison divine qui lui est accordée et à lui seul sur cette terre.

Cherchez donc celui qui a donné au principe invisible et insaisissable de la vie l'intelligence et la puissance, par une chimie qui domine la chimie minérale, de décomposer l'eau et l'acide carbonique, que ne dissout plus la nature sur notre terre, de lui faire combiner les éléments de tous les organismes en utilisant le calorique dérobé au soleil, de créer la cellule instinctive, de diviser son noyau et son enveloppe pour la propager dans les tissus, de lui faire choisir à travers les pores de son enveloppe les matériaux nécessaires pour sa vie et ses fonctions ; d'en choisir de spéciales pour propager l'espèce.

Il faut toujours en revenir à l'intelligence qui au moins une fois pour toutes a coordonné la matière et lui a donné une impulsion instinctive pour accomplir les phénomènes si variés de la vie ; à l'unique cause des mondes, celui qui est le seul par lui-même; *ego sum qui sum.*

Le sophisme perpétuel des sans-dieu est de prendre le moyen, l'agent, le milieu, les causes secondes, en un mot, pour la cause première, pour la cause qui conçoit, prévoit et exécute l'œuvre du monde. L'électricité peut être un facteur très important dans la *formation* des êtres vivants, comme le dit M. Le Bon, mais elle agit, comme la vapeur fait mouvoir nos machines, sans remplacer pour cela le talent du constructeur, ni la vigilance du mécanicien.

Vous découvrez chaque jour les agents employés pour faire la plante ; ferments solides et liquides, combinaisons chimico-physiologiques, intervention même des minéraux à l'état colloïdal. Puis vous fabriquez du sucre, de la vanille, des essences parfumées. Mais par là vous prouvez simplement que Dieu vous dévoile ses procédés ; car la terre n'a jamais eu de rivières où coule le lait et le miel. Il ne faut pas continuer le sophisme ridicule de prétendre que ce que peut produire notre intelligence fille du ciel, l'atome puisse le faire ou l'ait fait dans le temps, vu que depuis que l'on connaît la nature elle n'a jamais varié ses procédés.

Il y a donc dans la vie une action inconnue à la matière : cette essence de la vie, comment voulez-vous l'atteindre ou la remplacer ? Ce n'est pas un produit, un résultat, c'est un acte, et l'acte d'une intelligence incomparable qui se sert de la matière et de son énergie. La découverte de l'influence des courants électriques à haute fréquence sur l'activité des échanges moléculaires, sans nuire à la vie, laisse soupçonner que c'est cette forme de l'énergie active qu'emploie la vie plutôt que la forme calorique de dépense. Elle transformerait donc le calorique solaire en électricité intense ; et c'est sous cette forme que l'énergie peut dévoiler au savant les secrets de l'organisation; mais vous essaierez vainement de remplacer la vie. Elle est de même ordre que notre intelligence, et Dieu seul peut la créer.

Voici une feuille naissante d'oranger avec son pédicule. Par les canaux ramifiés symétriquement de ce pédicule va passer la sève commune à tous les éléments de la feuille; et là, avec les éléments de l'air, la vie va faire des cellules superficielles en pavés imperméables, d'autres où elle accumule l'énergie dans les grains de la chlorophylle, d'autres où elle fabrique une essence et, entre elles, elle établit des bouches pour aspirer ou exhaler des gaz. Puis survient à la base, dans le bourgeon, tous les éléments si compliqués de la fleur virginale et capiteuse, du fruit savoureux, dont la description détaillée réclamerait des volumes : et rien que la sève commune et l'air pour uniques facteurs fournis par la matière. Et vous resterez matérialiste? Vous ne tomberez pas à genoux devant les merveilles de la feuille, puis de la fleur et du fruit, construits, sur le modèle de la feuille ; tous produits de la même pensée. Quand donc viendra le Michelet croyant pour raconter dignement le génie de l'artiste divin qui ravit nos sens et notre sentiment du Beau ?

Vous faites-vous bien l'idée des vraies propriétés de la matière et pour si vivants que vous fassiez le fer, la mousse de platine, le manganèse, l'étain gris maladif... croyez-vous, en votre âme et conscience, qu'ils soient capables, eux ou tout autre élément minéral, de faire une simple feuille d'arbre. Que serait-ce s'il fallait leur faire combiner le corps d'un homme avec deux germes accouplés. Quand vous parlez d'osmose comme cause de la vie, c'est comme si vous disiez que le tamis, le crible, la grille passent la farine, le grain, le sable sans l'intervention de l'ouvrier et du choix qu'il fait de ces instruments. Quelle intelligence il faudrait à ces parois perméables ou semi-perméables pour choisir, chacune dans le courant de la sève qui traverse chaque cellule, côte à côte, l'une ce qui lui est nécessaire pour réaliser la chlorophylle, l'autre l'essence, l'autre l'organe de la respiration. Quel est le minéral ou le métalloïde qui pose le crible osmotique approprié et qui préside à ces savantes réactions chimiques variant pour chaque fonction cellulaire.

Vous parlez de l'atome qui est un monde et qui d'ailleurs, quoique vous en pensiez, n'a pas plus de vie que les autres mondes auxquels vous les comparez. Croyez bien que la cellule ne lui cède en rien par tous les mystères contenus dans ces grains microscopiques qui héritent des qualités de leurs pères, qui se réussissent en nucléoles puis en noyau, lequel se polarise, se dédouble pour obéir au grand précepte : croissez et multipliez. Vous venez de constater des cellules dont les nucléoles sont en nombre définis pour indiquer le sexe. Voilà le grand mystère, il se cache dans l'infiniment petit.

Il n'y a qu'une manière de comprendre la vie,

c'est la Cause unique du monde la créant avec sa propre intelligence et lui transmettant de père en fils la somme d'intelligence instinctive nécessaire à ses innombrables manifestations.

Pour l'homme, Dieu l'a privé des avantages de l'instinct, mais, en compensation, il lui a donné la raison qui, par la culture, lui découvre tous les secrets de la nature et l'élève jusqu'à lui.

M. Emile Picard (1) met en garde contre l'illusion des cellules matérielles, contre « l'entraînement de ramener la vie à de simples phénomènes physico-chimiques. Sur des sujets d'une telle complication, il faut d'ailleurs apporter beaucoup de prudence et se méfier de ces chercheurs trop simplistes, qui s'exclament devant une émulsion où apparaissent des sortes de cellules, ne doutant pas d'avoir fait une synthèse de la matière vivante. Nous pourrions redire encore ce que nous avons dit en général des théories. Ici plus qu'ailleurs nous pourrions parler d'*images* et il ne faut pas être dupes des schémas trop simplifiés par lesquels on voudrait représenter l'être vivant ; s'ils rendent pendant un temps des services à la science, ils peuvent ensuite retarder leur progrès. La chaîne des approximations sera longue en des matières aussi ardues ».

1. Emile Picard, membre de l'Institut, professeur de la Sorbonne. *La Science moderne et son Etat actuel.* E. Flammarion.

Reproduction artificielle sans accouplement

Il y a trois sortes de reproduction des espèces : 1° par segmentation ; 2° par accouplement d'abord, puis par segmentation pendant un temps limité, pour revenir finalement à l'accouplement ; 3° par l'accouplement seul.

Chez les animaux les plus simples composés d'une seule cellule, une classe sur trois se reproduit par segmentation, les deux autres par accouplement. Mais la segmentation est la règle pour toutes les plantes, pour tous les animaux, dans la formation de leurs tissus, après que la première cellule fécondée s'est divisée elle-même, en commençant ces immenses générations successives. La segmentation devrait donc être la règle générale de reproduction pour tous les êtres ; étant d'ailleurs bien moins compliquée que l'accouplement. C'est une infraction étonnante à la loi de la moindre action et qui doit avoir sa raison d'être dans les conseils du grand législateur, lorsque pour l'immense généralité des êtres il réclame le troisième mode de reproduction, l'accouplement. Le véritable intérêt serait de faire produire par l'accouplement deux êtres soumis à la loi de la segmentation :

Ce serait là la plus belle conquête en faveur de

l'évolution. Mais c'est le contraire qu'on a fait, en obtenant, par des excitants minéraux, la reproduction momentanée par segmentation de quelques êtres inférieurs voués à l'accouplement : l'oursin par exemple. Ce n'est pas avancer, c'est reculer au premier mode de reproduction. Il ne faut en tirer qu'une conclusion, c'est que Dieu prouve, en forçant l'oursin à l'accouplement, que la reproduction par l'accouplement est un pur effet de sa volonté et non celui d'une force aveugle et fatale.

Ceci n'empêche pas la renommée de proclamer la victoire de la reproduction artificielle ; tandis que la grande loi des sexes, qui impose l'intervention de Dieu à l'origine des espèces, n'en domine pas moins la création, et ces philosophes matérialistes seraient stupéfaits si on leur demandait : « Croyez-vous à la possibilité naturelle de l'enfantement d'une vierge. » C'est cependant ce qu'ils veulent prouver.

Evoluez, si bon vous semble, de l'homme à l'être mono-cellulaire vous serez toujours obligés de déclarer l'impossibilité de créer le principe vital avec les forces physico-chimiques. Vous ne feriez donc que reculer l'intervention de Dieu jusqu'à l'origine de la vie. Sa puissance et sa providence s'en révéleraient plus grandes par les effets multiples et la perpétuité de la primitive impulsion. Mais Dieu ne l'a pas voulu ainsi. Pourquoi d'ailleurs lui refuser le plaisir des créations successives qui manifestent son génie et sa puissance. Mon père et moi nous travaillons toujours.

Le type une fois créé il lui donne la perpétuité par le fécondation qui légitime sa providence. En créant Eve de la chair du premier homme, il a montré le pouvoir qu'il donnait à la vie de se perpétuer; en exigeant la fécondation à deux, en y adaptant une effluve de son bonheur il a voulu en faire la commémoration de son intervention originelle.

L'homme ne s'obstine dans la théorie évolutionniste que pour chasser de la création le maître souverain, car l'homme révolté ne veut plus de maître.

Après avoir essayé de faire dériver tous les êtres de la cellule primitive, il fallait essayer de relier la vie à la matière inerte. Le cristal donne l'illusion de cette évolution dernière qui donnerait, semble-t-il, la victoire à la matière.

Vie des Cristaux

La matière, non seulement dans les corps simples, mais même dans beaucoup de leurs combinaisons chimiques, mise dans des conditions de repos et d'isolement, de tout trouble, se montre, comme le diamant, dans la beauté native que Dieu lui a donnée, c'est-à-dire sous forme de cristal revêtu de lumière ; forme qui la montre soumise aux lois divines de la géométrie, du calcul et du Beau.

C'est en passant de l'état liquide à l'état solide qu'elle peut prendre la forme cristalline. Le cristal se produisit ainsi à l'époque géologique où les hautes températures disparaissaient en permettant aux corps de se solidifier lentement. Aujourd'hui encore les solutions les produisent par refroidissement ou concentration. Mais cette forme se présente aussi lorsque la vie rejette les matériaux usés de ses combinaisons organiques, et abandonne la matière à ses tendances innées de stabilité et de repos. Là, à l'état naissant, apparaissent en cristaux l'acide urique, les phosphates ammoniaco-magnésiens, l'oxalate de chaux et d'autres. Ils se montrent même sous des formes anormales en courbes et en sphères, dernières traces des formes élégantes de la vie.

Le microbe dernier terme de la vie a-t-il une influence sur ces formes cristallines ? Le cristal n'en reste pas moins inorganique.

Cependant en étudiant un cristal en voie de formation, à un fort grossissement, on a cru lui voir prendre la structure de la plante. Les images qu'on en fait semblent montrer le cristal prenant d'abord la forme granuleuse, puis la forme fibreuse. Mais ces granules ne se réunissent pas en cellules, ces fibres ne sont pas creuses comme les canaux des plantes qui font monter la sève. Que ne compare-t-on aussi à la plante les arborisations que produit le givre sur les vitres.

Un cristal répare ses brèches, dit-on. C'est vrai, mais il faut distinguer. Le clivage prouve qu'il est composé de petits cristaux primitifs dont l'agrégation se produit jusqu'à ce que le cristal ait pris la forme et la grandeur qui lui sont naturelles. La force qui doit l'amener à cet état est la même qui le complète quand il est ébréché, s'il reste assez de matière en solution ; car il ne saurait prendre chez un plus faible ce qui lui manque.

Nous avons vu souvent les cristaux phosphasto-magnésiens rester ébréchés, ayant sur eux un petit cristal de même nature. Il n'y a là rien de vivant, de volontaire. Nous avons la conviction que le cristal, quand il se produit dans les organismes, est au contraire un signe caractéristique de décomposition organique. Au lieu d'être le commencement de la vie, c'est le commencement de la mort. La question de la vie du cristal est jugée par ce fait que les pierres précieuses artificielles se font toutes à des températures considérables, à l'abri de tout corps étranger, dans un four crématoire pour tout microbe prétendu générateur. Voici ce que dit M. Picard, qui ne peut être suspect, page 214 :

« On est assez porté actuellement à regarder un cristal comme une sorte d'être vivant, susceptible d'accroissement et réparant ses pertes quand il est blessé ; les mots même provoquent ici la comparaison. Il y a là un rapprochement artificiel, et il ne paraît pas légitime de comparer la formation cristallographique, qui marche uniformément dans le même sens, avec l'assimilation et la désassimilation périodiques qui sont la caractéristique des phénomènes vitaux ; le cristal absorbe mais n'excrète pas. »

Décidément le pont est difficile à construire pour franchir l'abîme qui sépare la matière de la vie. Mais M. Le Bon, qui est d'un avis contraire, le franchit, lui, d'un pied léger. Lisez page 244.

« L'observation démontre que tous les êtres vivants, de la bactérie jusqu'à l'homme, dérivent toujours d'un être antérieur. Cependant il faut bien admettre qu'avant de naître par filiation, les premières cellules des temps géologiques *ont dû naître sans parents*. Nous ignorons les conditions qui permirent à la matière de s'organiser spontanément pour la première fois, mais rien n'indique que nous les ignorerons toujours. »

Avec des conclusions comme celles-là, qui débordent la science, c'est un parti-pris de nous faire descendre du singe à la plante et de la plante au fer intelligent qui règnera de droit à la place de Dieu.

Volez gazettes et brochures, répandez la bonne science dans les cinq parties du monde. Les nou-

1. Docteur Gustave Le Bon. *L'Evolution de la Matière*. E. Flammarion.

veaux maçons, pleins de franchise, vont édifier ainsi le progrès social. Ceci montre la fureur avec laquelle l'homme se débat contre Dieu et cherche à lui substituer la force matérielle. Amenez encore quelque temps les peuples dans cette voie et vous réussirez à la placer sur nos autels, avec la luxure de nos ancêtres en révolution.

Pauvres savants convaincus, vous en serez les premières victimes ; rappelez-vous Condorcet, Lavoisier implorant vainement un répit pour mettre à jour une découverte. La force est l'antagoniste de l'esprit, chez les peuples comme chez les individus. Ah ! souhaitez que l'anéantissement dans la pourriture que vous préconisez volontairement ou involontairement se réalise ; cas vous assumez une responsabilité terrible en apprenant aux peuples à renier Dieu, à méconnaître le Juste qu'il leur a envoyé pour les instruire, élever leur âme, leur donner la paix et les éloigner des basses convoitises qui font tomber l'homme dans la boue et l'attachent à la servitude au profit des malins qui les bernent de fallacieuses promesses.

Les Aventures de la Science dans le Royaume de l'Inconnu

Rien n'était plus naturel que de préjuger que les peuples migrateurs, éloignés de la civilisation primitive transmise à Moïse, ne connaissant plus l'industrie de la fonte des métaux, en aient été réduits commes outils et moyens de défense aux bâtons durcis au feu, aux arêtes de poisson, aux os, aux pierres dures plus ou moins accommodées, silex, haches obsidiennes, etc.

C'est une erreur de croire que les données d'une civilisation ne se perdent plus. A côté des Incas et des Mexicains que de tribus réfractaires à toute civilisation, rien qu'en Amérique. L'Océanie tout entière n'avait que ces armes primitives. (Voyez le capitaine Coock.) Il y a encore des tribus dans le même état sur les rives de l'Amazone. Mettez un ingénieur dans une de ces peuplades insouciantes, vivant de pêche et de chasse, il ne réussira pas à changer leurs habitudes et ses enfants, eux-mêmes, à la deuxième ou troisième génération seront des sauvages parfaits. Car l'état sauvage n'est pas un état primitif, c'est un état de choix, à en juger par l'observation, seul critérium digne de la science. Allez dire aux Bédouins et aux pasteurs du Sahara de changer leurs habitudes qui datent du temps d'Abraham. Quant aux Sioux, aux Apaches, ils s'éteignent victimes de notre civilisation homicide sans avoir voulu s'y conformer. Nos missionnaires seuls civilisent au nom du Christ : témoins les sauvages féroces et cannibales des îles Philippines, devenus doux comme des agneaux entre leurs mains.

Il est donc naturel que partout où existaient des silex minces et pointus, à la surface des dernières alluvions géologiques, les hommes sauvages s'en soient servi de tout temps et jusqu'à nos jours. Cet usage ne pouvait donc caractériser une ère quelconque de l'humanité ni mettre la Bible en défaut.

Mais la géologie est venue montrer que ces silex existent dans deux couches géologiques distinctes profondes : la plus superficielle déjà très ancienne, la plus profonde encore bien davantage, peut-être vieille de millions d'années. Si ces silex étaient taillés, comme ils le paraissent assez souvent, il fallait bien que quelqu'un les eût taillés. Alors l'imagination des romanciers ès sciences a créé une ère préhistorique, accueillie avec joie par l'enseignement officiel, ennemi juré du catholicisme. Si, par malheur, les silex avaient pu prouver le récit de Moïse, on aurait écrit des volumes pour démontrer, avec raison, qu'une simple similitude ne prouve rien, lorsqu'aucune autre preuve ne vient la corroborer. Ici, en effet, aucune trace ni de l'homme ni de son industrie, sauf le silex, abondant à pouvoir armer des milliers de guerriers. Aux Eyzies nous fûmes étonnés de leur nombre dans les creux formés par le remous des eaux contre ce golfe antique ; nous nous demandions où pouvait être l'arsenal d'une pareille industrie.

Quoi qu'il en soit les silex taillés existent non seulement à la surface de notre globe, mais dans deux couches anciennes de milliers de milliers d'années. Les romanciers déclarèrent que la moins profond avait connu l'homme certainement ; mais que pour l'autre, certes, il pouvait y avoir des doutes. Mais alors suivant la loi de l'évolution il devait y avoir vécu un intermédiaire entre le singe et l'homme, capable de commencer l'ère de l'industrie par la taille du silex ! Et le roman scientifique créa l'homme singe, en grec s'il vous plaît, anthropopithécus, qu'on n'y découvrit jamais pas plus qu'aujourd'hui à Bornéo. Mais que pouvait-il faire de ces silex, bon Dieu. Réponse historique : Il s'en servait pour se gratter les puces.

Autre fable : Ces silex se trouvant aussi dans les couches de l'époque glacière, l'homme, pour y vivre, devait être couvert de poils.

Voilà depuis cinquante ans la source où la jeunesse classique a puisé ses notions sur l'origine de l'homme. Aussi le langage courant fait du singe notre frère inférieur, en attendant que le socialisme monoforme nous fasse descendre jusqu'aux mollusques.

Enfin Dieu s'est vengé à son heure tranquillement, sagement, par l'intermédiaire de la science elle-même.

Tout le monde peut voir aux environs de Paris dans toutes les fouilles, que la couche de craie est parsemée de boules noirâtres, plus grosses que des oranges et appelées rognons ; leur intérieur, appelé nodule, est en pur silex. Or, à Mantes, on mêle cette craie à de l'argile pour faire du ciment ; et, pour cela, on broie le tout pendant tout un jour contre un axe tournant armé de bras de fer. Les nodules, qui s'y trouvent mêlés et violemment secoués, se désagrègent du centre à la circonférence en éclats pointus, formant toutes les variétés de silex taillés, aiguisés, retouchés, etc. Pas moyen d'en douter, le silex taillé, comme les cailloux de nos rivières, n'a pas d'autre origine que le roulement des eaux.

La période éolithique a vécu. Mais le diable n'y perdra rien. A chaque jour suffit son mal, les sectes de l'antéchrist y veilleront.

Voir l'article de M. de Lapparent dans le *Correspondant* de décembre 1905.

Nous ne terminerons pas sans citer deux belles pages de M. Le Bon, en le priant d'excuser les commentaires qu'elles nous ont inspirés.

Principes constituants de la Vie

« Un grand nombre des composés chimiques, dont l'ensemble constitue un être vivant, possèdent une structure et des propriétés auxquelles aucune des lois de l'ancienne chimie ne sont applicables. On y trouve toute une série de corps : diastases, toxines, anti-toxines, alexines, etc., dont l'existence n'a été révélée le plus souvent que par des caractères physiologiques. Aucune formule ne peut traduire leur composition. Nulle théorie n'explique leur propriétés. Ils tiennent sous leur dépendance la plupart des phénomènes de la vie et possèdent ce caractère mystérieux de produire des effets très grands sans changer de composition apparente et par leur simple présence. C'est ainsi que le protoplasma, c'est-à-dire la substance fondamentale des cellules, ne semble jamais changer, bien que, par sa présence, il détermine les réactions chimiques les plus compliquées, notamment celles qui ont pour résultat de transformer les corps contenant *de l'énergie à bas potentiel* en *d'autres corps dont le potentiel est élevé.* » — Accumulation de calorique.

« La plante sait fabriquer avec des composés peu compliqués, tels que l'eau et l'acide carbonique des édifices moléculaires oxydables très compliqués, *chargés d'énergie. Avec l'énergie à faible tension,* elle *fabrique donc de l'énergie à haute tension.* Elle bande le ressort que d'autres êtres débandent pour utiliser sa force. » — C'est la chlorophylle qui emprunte cette énergie au soleil. — « Les édifices chimiques que savent fabriquer d'humbles cellules, comprennent non seulement les opérations les plus savantes de nos laboratoires : éthérification, oxydation, réduction, polymérisation, etc., etc., mais beaucoup d'autres bien plus savantes encore que nous ne saurions imiter. Par des moyens que nous ne soupçonnons pas, les cellules vitales savent construire ces composés compliqués et variés : albuminoïdes, cellulose, graisses, amidon, etc., nécessaires à l'entrction de la vie. Elles savent décomposer les corps les plus stables, comme le chlorure de sodium, extraire l'azote des sels ammoniacaux, le phosphore des phosphates, etc.

« Toutes ces opérations si précises, si admirablement adaptées au but, sont dirigées par des forces *dont nous n'avons aucune idée,* et qui se conduisent exactement comme si elles possédaient *une clairvoyance très supérieure à la raison. Ce qu'elles accomplissent à chaque instant de notre existence est très au-dessus de ce que peut réaliser la science la plus avancée.* » — Et la cause suprême qui a tout fait serait aveugle !

« Un être vivant est un *agrégat* de vies cellulaires. Tant que nous ne pourrons pas comprendre les phénomènes qui se passent au sein d'une cellule isolée et que nous n'aurons pas découvert les forces qui les dirigent, il sera bien inutile de bâtir des systèmes philosophiques pour expliquer la vie.

« La chimie a au moins réalisé ce progrès de nous montrer que nous nous trouvions devant un monde de réactions totalement inconnues. Aux anciennes certitudes d'une science trop jeune elle a fini par substituer les incertitudes dont est *toujours chargée une science plus avancée.* Il ne faut pas trop les montrer pourtant, car la longueur du chemin à parcourir paralyserait nos efforts. Heureusement ceux qui débutent dans ces études ne voient pas combien elles sont peu avancées et bien souvent leurs maîtres ne le voient pas davantage. Il ne manque pas de formules savantes pour cacher nos ignorances. »

Il n'y a qu'une affirmation à corriger dans ce lucide exposé de la vie, c'est que la vie n'est pas un *agrégat* de cellules ; c'est qu'il y a une coordination savante, une hiérarchie, une monarchie, un principe vital qui se dévoile par deux admirables fonctions : celle de la savante construction d'un homme avec une seule cellule fécondée ; celle de diriger les fonctions de ce microcosme toute la vie.

Il plane au-dessus de tout ce petit monde microscopique et il a tout le grand sympathique entre ses mains pour téléphoner ses ordres. C'est un agent mystérieux dont la clairvoyance est très supérieure à notre raison, comme le dit fort bien M. Le Bon. C'est donc un agent intelligent et ce n'est qu'un être éminemment intelligent qui a pu l'inventer et lui donner le pouvoir et l'action transmis de père en fils par le germe depuis la création. Quant au rôle qu'y joue la matière, il est pitoyable. Tout le temps elle est obligée de laisser accumuler de l'énergie, elle qui n'a qu'un but, la rejeter ; elle lutte tout le temps contre la vie et par des victoires particulières elle produit la mort.

Fin du Monde

Le Bon, page 295 : « Montrons combien les savants seraient près de Dieu s'ils le voulaient. M. Le Bon pense que la matière va en se dissociant lentement mais sûrement et que, revenue à l'état d'éther, elle perdra définitivement ses dernières vibrations : « revenant à ce néant primitif d'où des centaines de millions de siècles et des *forces inconnues* pourraient seules la faire de nouveau surgir comme elle a surgi aux âges lointains où s'esquissèrent dans le chaos des choses les premiers linéaments de l'univers. La matière a successivement passé par des stades d'existence fort différents. »

« Le premier nous reporte à l'origine même des mondes et *échappe à toutes les données de l'expérience.* C'est la période du chaos des vieilles légendes. » — (Elles étaient bien savantes.) « Ce qui devait former l'univers n'était alors constitué que par des nuages informes d'éther », — et l'esprit flottait sur les eaux. « En s'orientant et en se condensant sous l'influence de *forces inconnues* » (pardon, la science reconnaît une unique force inconnaissable) « agissant pendant des entassements de siècles, l'éther a fini par s'organiser sous forme d'atomes. C'est de l'agrégation de ces derniers que se compose la matière telle qu'elle existe dans notre globe ou telle que nous pouvons l'observer dans les astres à diverses phases d'évolution. »

« Pendant cette période de formation progressive les atomes ont *emmagasiné* la provision d'énergie qu'ils devaient dépenser sous des formes diverses : chaleur, électricité, etc., dans la suite des temps. » — Si vous ne voulez pas d'un Dieu créateur, dites où les atomes, que vous faites nécessairement intelligents, savants et volontaires, ont pris leur énergie, rien ne vient de rien. « En perdant ensuite l'énergie, d'abord *accumulée* par eux », — impossible, puisque jamais l'observation n'a pu constater un seul cas d'accumulation par la matière, elle dépense et n'accumule jamais. « Les atomes ont subi des évolutions diverses et revêtu par conséquent des aspects variés. Quand ils ont rayonné toute leur énergie sous forme de vibrations lumineuses, calorifiques ou autres ils retournent, par le fait même des rayonnements consécutifs, à leur dissociation, à l'éther primitif, d'où ils dérivent. Ce dernier représente donc le Nirvana final auquel reviennent toutes choses après une existence plus ou moins éphémère. »

« Ces aperçus sommaires sur les origines de notre univers et sur sa fin ne constituent évidemment que de faibles lueurs projetées dans les ténèbres profondes qui enveloppent notre passé et voilent notre avenir. Ce sont de bien insuffisantes explications. La science ne peut en donner d'autres. Elle n'entrevoit pas encore le moment où elle pourra découvrir la *véritable raison première des choses, ni même atteindre la cause réelle d'un seul phénomène.* Il lui faut donc laisser aux religions et aux philosophes le soin d'*imaginer* des systèmes capables de satisfaire notre besoin de connaître. »

Nous acquiesçons en tout point, comme chrétien, aux conclusions de M. Le Bon. La science dit que l'univers n'a qu'un auteur, un Dieu intelligent dont la raison grandiose est le modèle de celle de l'homme ; car il est impossible de donner à la terre que nous foulons, au fer que nous martelons, au feu que nous utilisons le don de construire par leurs vertus réunies cet univers que nous admirons. Dieu l'a ordonné, il le dirige, principe d'ordre et de la moindre action. Il a créé la lumière au commencement, c'est-à-dire l'énergie, il l'a accumulée dans les atomes et, comme nous consommons la houille dans nos œuvres, il fait consommer l'énergie par les atomes pour produire avec eux les œuvres innombrables des mondes, depuis les astres jusqu'aux vermisseaux. Pour prouver que cet univers n'existe pas par sa propre puissance, que l'atome a été créé, il l'a condamné à périr, quand il lui aura retiré toute l'énergie qu'il lui avait donnée.

Quant à l'homme, malgré son infime petitesse, Dieu convie sa raison à ce spectacle sublime pour lui en montrer l'immensité, il lui donne la notion du beau pour en admirer les harmonies, un cœur pour obtenir sa reconnaissance et son amour. Laissera-t-il cette raison à l'extraordinaire envergure se dissiper avec la poussière du corps qui la soutient? Notre âme qui l'adore et qui l'admire ira-t-elle se confondre avec celle du singe. Non, non! ce n'est pas possible ou Dieu est décevant, donc imparfait. Ne blasphémons pas.

Quant à inventer des religions, à les *imaginer*, vous pouvez faire un concile de savants et de philosophes, nous les mettons au défi de recommencer l'essai pitoyable de Larevellière-Lépaux, des théophilanthropes. Mahomet lui-même a renoncé et a greffé la sienne sur le Dieu d'Abraham, prenant le rôle modeste de son dernier prophète.

LIVRE II

LES ANTI-CHRIST

Causes du succès du Matérialisme et de la Haine contre le Catholicisme

---

Le catholicisme est détesté des pouvoirs parce qu'il censure leurs actes et des peuples parce qu'il censure leurs mœurs : entente commune entre un peuple corrompu et un pouvoir oppresseur.

CHAPITRE PREMIER

Les causes du succès du matérialisme et de la haine contre le catholicisme découlent toutes du caractère assigné par chacune de ces doctrines à la cause du monde, l'une la matière, l'autre Dieu.

Pour juger où est la vérité il est donc indispensable d'établir qu'elle peut être en réalité la nature de la vraie cause du monde, puisque la certitude tangible manque.

Les conséquences de ces deux doctrines sont d'ailleurs évidentes.

Le matérialisme aboutit à suivre les penchants de la nature, en plaçant le bonheur dans la satisfaction des sens et des passions, avec la conviction de pouvoir les diriger par la raison seule. Tandis que le catholicisme, d'accord avec l'expérience, constate que l'homme est enclin au mal et à l'erreur. Il a pour mission de le redresser par ses pratiques en éclairant sa raison et bridant les passions. L'homme de bien y trouve la paix, mais les sens et les passions, en révolte, lui vouent une guerre mortelle.

Parallèle entre les notions matérialistes et catholiques sur la nature, l'homme et Dieu

Le savant qui veut tout ramener à l'observation des sens, à la science expérimentale, la seule scientifique, se trouve impuissant en face de la Cause première, parce que les sens ne saisissent ni les substances, ni les causes.

La raison n'a qu'un outil : c'est le jugement ; le langage en fait foi, qui consiste à percevoir le rapport des choses et leur enchaînement : un fait bien observé permet de découvrir celui qui le précède et celui qui le suit et c'est tout ce que la raison peut conclure. La raison ignore aussi le commencement et la fin des choses, de son être ; elle ne peut par ses propres forces se poser à volonté des prémisses ; il faut qu'elle se conforme aux données de l'observation, à ce qui est, à la vérité. Mais montrez-lui une base immuable, un axiome, une vérité évidente sur laquelle elle puisse appuyer l'échelle de ses raisonnements et elle montera d'un pas assuré, d'un rapport à l'autre vers l'inconnu, vers la science.

Seulement si la base n'est pas solide, si elle est contraire à l'observation séculaire, si on veut l'appuyer, par exemple, sur des origines historiques douteuses, ou si le philosophe part de prémisses fausses, la raison est faussée, elle est prise dans l'engrenage de déductions très exactes, il est vrai, les raisonnements s'enchaînent parfaitement, ils séduisent la raison, mais ils l'amènent pas à pas à l'erreur, sans qu'elle s'en méfie, sans qu'elle veuille même s'en apercevoir, si les passions sont en jeu ; pas même, hélas ! lorsque les conséquences en deviennent désastreuses dans la pratique, preuve ultime de l'erreur.

Qui calculera les larmes et le sang que peut faire couler une idée mère, une idée fondamentale fausse L'homme est naturellement bon, donc c'est la société qui l'a rendu mauvais, donc il faut révolutionner les nations. La propriété c'est le vol ! et la logique conclut au communisme. Aussi y a-t-il actuellement des milliers d'intelligences perverties, qui méconnaissent les droits sacrés de l'économie, de l'épargne transmise aux enfants bien-aimés. Si la force passe des mains de l'Etat à celles de ces malheureux égarés, demain va paraître à nouveau la face hideuse de la terreur.

Hélas ! la France sera toujours la clinique où l'on expérimentera toutes les utopies ; car l'esprit curieux et léger du Français s'enthousiasme vite pour une idée nouvelle et s'empresse de la mettre en pratique, avec un logique inexorable, sans jamais se corriger à la vue des désastres qu'elle entraîne.

On se garde bien d'apprendre à dépister l'erreur, le syllogisme est bafoué. Mais à quoi bon raisonner, le journal, cette Bible moderne, ne pense-t-il pas pour nous ; ne donne-t-il pas pour un sou la science de toutes choses. Car la science, c'est la tarte à la crème, on en a mis partout. Plus tard, dit le sophiste, le bien viendra du mal présent, puisque la logique des raisonnements ne peut faillir. Mais les prémisses, malheureux! elles sont fausses et, dès lors, les conséquences en sont funestes ; toute votre science n'y peut rien, Dieu seul peut avoir pitié de nous et d'un mal en retirer un bien. Mais la vérité seule est féconde et se distingue par un bien immédiat.

Ainsi, dirigés par une fausse philanthropie, les adversaires du Christ ont pour le prolétaire un amour bien peu expansif, car ils veulent qu'il soit secouru par l'Etat, jamais de leur poche. Henri VIII, ce modèle des protestants, ce pape despote et infaillible, fit mieux : après avoir volé et martyrisé les moines qui ne laissaient pas un seul indigent dans toute l'Angleterre, il laissa mourir de faim ces malheureux.

La compassion du chrétien pour le malheur sous toutes ses formes est constamment féconde, elle couvre le monde de ses œuvres et de son apostolat.

Cela gêne ces messieurs. Au lieu d'imiter les catholiques, ils ont la cruauté de leur faire la guerre. La charité chrétienne est pour eux un remords, ils comprennent que leur altruisme ne peut l'imiter et ils la combattent au grand dommage du peuple qu'ils prétendent aimer. Mais ils n'ont rien à craindre, les mauvaises passions sont avec eux et le malheureux lui-même, hypnotisé par leurs journaux leur donne ses suffrages, ils leurs débitent dans leurs banquets leur boniment empoisonné et ils ne permettent pas à nos prêtres de les réfuter du haut de la chaire de vérité ; ce qui est leur devoir quand on viole les vérités éternelles, quand on calomnie la religion.

Leur matérialisme ne propage que l'erreur et le Français en est venu à méconnaître la vérité fondamentale, celle de son Dieu tutélaire, il faut lui refaire son *credo*. Mais comment convaincre le savant fourvoyé puisque l'Eternel est inaccessible ?

Si nous ne pouvons pas analyser Dieu avec nos sens, nous pouvons le juger par ses œuvres, et, comme minimum de ses qualités, nous reconnaîtrons siennes toutes celles qui se dévoilent dans ses œuvres, puisqu'il est le seul auteur du monde, comme le proclame la science, nous l'avons prouvé dans l'ouvrage précédent.

Le matérialisme, toujours prêt à crier à l'anthropomorphisme, n'a pas employé d'autre méthode : il a seulement négligé, méconnu de parti pris, les qualités qui distinguent l'homme et qui ne peuvent lui venir que de l'Auteur de la nature. Il a donc fait descendre l'homme au rang de l'animal pour faire du vrai Dieu un Dieu instinctif, inconscient, borné aux forces de la nature, du monde visible, tangible ; c'est le triomphe du positivisme. Il est même descendu jusqu'à n'admettre que l'énergie de la matière, faisant faussement dériver du mouvement l'essence immatérielle qui dirige la construction et les fonctions des êtres organisés, nous l'avons prouvé.

Certainement, en le comparant à l'homme, on a fait Dieu méchant et vicieux, et c'est un tort ; car on a confondu les deux principes opposés entre eux du bien et du mal qui impressionnent notre cœur. Mais quand nous lui reconnaissons en propre tout ce qui caractérise le bien, le vrai, le beau, la lumière qui éclaire notre raison, nous avons l'intuition de Dieu ; car ces qualités ne peuvent avoir leur source que dans ses perfections.

Nous avons analysé l'œuvre divine sur le monde, la vie et l'homme et nous avons conclu :

1° Pour la matière et son énergie qu'elle n'est pas cause première, malgré les conclusions des matérialistes mécaniciens que nous avons citées. La matière avec son mouvement est simplement entre les mains du Grand Ouvrier ce qu'elle est entre les mains de l'homme pour son industrie, elle est servante, elle obéit, elle n'est pas cause. Sa caractéristique est la Force inconsciente, fatale, qui se dépense dans les combinaisons chimiques sans jamais pouvoir se reprendre, et que l'homme peut dompter quand il connaît les lois qui la maîtrisent. Ici, l'Ouvrier suprême est celui qui a imposé ses lois à la matière, qui la force à faire un travail utile au lieu de laisser dissiper son énergie sans entrave dans l'espace. C'est lui qui est le Maître, le Tout-Puissant;

2° La vie, personnifiée par la plante, par l'animal, basée sur la cellule, est comme celle-ci, tout instinctive, c'est-à-dire qu'elle est dans chacune de ses manifestations adaptée à un but déterminé, limité, toujours le même. Si la vie démontre une intelligence, une science inimitable dans ses constructions variées, prouvant ainsi combien est grande la science et la puissance de l'Ouvrier qui s'y cache, chaque être vivant ne possède en propre que juste l'intelligence nécessaire à la fonction qui lui est dévolue. L'essence, le principe vital immatériel qui dirige individuellement la construction et les fonctions de chaque plante, de chaque animal, l'esprit qui se dévoile dans la sûreté de l'instinct ne sont pas Dieu, ils sont bornés et présentent le caractère des êtres formés, inventés ; tous relèvent d'un précurseur, d'une essence concentrée dans le germe. Aucun être vivant n'apparaît par sa propre énergie, spontanément ; nul savant ne sait comment a procédé la vie au commencement des siècles. Nous sommes aussi avancés que les anciens : la cellule comme Vénus serait un miracle si elle sortait du sein des eaux.

Ce qu'il y a de certain, malgré les affirmations des matérialistes, c'est que les forces brutes, loin de produire la vie, causent la mort; il y a antagonisme nous l'avons prouvé. Le Grand Ouvrier, qui, sur un plan unique, a modelé les êtres avec la matière et son énergie est donc le seul d'où relèvent la vie et les forces brutes. Il a mis dans ses œuvres de son esprit et de sa science, comme nous le faisons nous-mêmes dans nos œuvres.

Mais ravaler la cause première à l'instinct, dire que c'est la caractéristique de ses facultés, c'est bien aimer l'inconscience, la fatalité ; c'est nier la grandeur de notre raison qui comprend un Dieu créateur dont la puissance ne peut être bornée, ni enchaînée. Le bon sens l'indique, mais les passions humaines ont intérêt à nier son action sur l'homme. La tradition catholique seule, de toutes les religions, depuis les temps historiques, proclame le Dieu unique personnel et autoritaire et la science est venue lui donner raison.

Partant de ce faux principe du positivisme qu'il n'y a de vrai que ce qui est accessible aux sens, le matérialiste, à tout prix, veut chercher, dans la Cause suprême, les seules qualités manifestées par la nature : un processus inconscient, sourd, muet, fatal, enchaîné, voilà son Dieu ; tout change, tout meurt, rien ne survit.

L'homme n'est plus qu'un instinctif. Et dire que l'on soutient, au nom de la raison, cette théorie homicide autant que déicide. Ah ! si ce n'était qu'une erreur de savant qui la propage, nous ne la verrions pas inonder le monde de son poison mortel. Il y a une plus grande cause, et nous le prouverons, il y a le désir diabolique de l'indépendance, *eritis sicut Dii*, vous serez comme des Dieux. Il faut que le devoir n'existe plus, tandis que le catholicisme l'impose.

3° Passons à l'homme tel que Dieu l'a fait et non dégradé de sa beauté et de sa dignité.

L'homme, animal unique par l'étendue et les qualités de sa raison, la tête haute, la main habile, apte à tout, seul de tous les animaux est obligé cependant de tout apprendre, est très mal doté dans ses instincts et, ce qu'il y a de plus fâcheux, il a le pouvoir et la tendance de les pervertir, d'aller vers le mal, d'agir contre nature.

Tous les animaux ont, suivant leur espèce, les quatre choses indispensables à la vie : le vêtement le logement, la nourriture, les armes offensives et défensives. Tandis que l'homme dans sa nudité ne pourrait affronter tous les climats ; les grottes naturelles seraient insuffisantes pour de nombreuses populations et l'homme réduit à ses ongles ne pourrait les creuser ; de même les fruits naturels de la terre sont insuffisants ; et sans des outils ou des armes l'homme ne pourrait se procurer le gibier et le poisson, ni se mesurer corps à corps avec ses ennemis. Ses instincts sont insuffisants et limités aux fonctions organiques. Mais Dieu lui a donné d'abord la science qui consiste dans l'abstraction et la recherche de l'inconnu, d'où l'outil, l'industrie, puis la parole pour user de l'expérience de ses semblables ; l'écriture pour la perpétuer. Voilà ce qui met l'homme au-dessus de l'animal. Avec ces avantages et l'accumulation du travail en commun auquel il est assujetti, l'homme domine la nature et s'élève jusqu'à Dieu par la raison, par le désir.

En nous privant des bienfaits accordés à l'animal et en nous condamnant à des travaux si divers pour nous procurer la nourriture, les vêtements, le couvert et les outils, Dieu nous condamnait à la vie sociale pour que chacun se dévouât au bien-être commun.

En compensation il donnait l'industrie progressive qui centuplait ce bien-être par la division du travail. Mais pour arriver à ce but il fallait la diversité des conditions qu'il dirige certainement lui-même, en donnant à chacun une aptitude différente, l'un savetier, l'autre médecin célèbre, passant des métiers les plus nécessaires aux aptitudes pour le luxe et pour les arts. Par la diversité des professions, par la diversité des outils ce que n'a aucun animal, l'homme est arrivé à cet état de civilisation extraordinaire que présentent nos grandes villes, nos monuments, nos grands magasins, nos vaisseaux, nos machines. Mais c'est à la condition de respecter les aptitudes natives et cette hiérarchie de fonctions indispensable au maintien de l'état de civilisation.

On est frappé dans une grande ville de voir les rues, les boulevards bordés de magasins toujours loués, offrant à l'acheteur des milliers de produits. Ne faut-il pas que la Providence veille à créer des aptitudes pour fournir des spécialistes pour tous ces métiers, pour toutes les fonctions d'une administration de deux millions d'hommes ? Quelle fourmilière dans les rues, quel mouvement, quelle harmonie pré-établie. Mais supprimez le sang qui circule pour animer toutes ces énergies, le capital, c'est la mort.

L'idéal sera pour ceux qui veulent le détruire l'état sauvage qui réclame peu de besoins : un pagne, une hutte, une pierre aiguisée, des baies sauvages ou des racines. Que ceux qui veulent l'égalité des conditions choisissent.

Mais, répondrez-vous, le capital est cause que la plupart sont condamnés dans leurs générations successives aux basses conditions. C'est faux. La Providence divine y a pourvu en faisant disparaître les générations riches par dégénérescence physique, suite du luxe des excès et des passions exubérantes qui mènent à la folie, à la stérilité. Quoi qu'en disent les sophistes, tout homme, vaillant et doué, peut devenir milliardaire. Mais ils sont rares de nature, témoins les nombreux impuissants des lycées, bons à quémander des places. De l'école communale tout élève bien doué peut devenir boursier dans un lycée et faire un grand artiste, un ingénieur célèbre, un médecin millionnaire : V***, fils d'un cordonnier, Jaubert, enfant trouvé natif de Lamballe, élevé par un prêtre et tant d'autres.

Mais les socialistes, voyant la fortune et les honneurs aux plus intrigants, des capitaux immenses entre les mains des agioteurs que nos rois auraient envoyés à la potence ou à la prison de Belle-Isle, ne rêvent qu'à éluder la loi divine du travail et fuient les campagnes où Dieu prodigue à peu de frais la santé, la paix et la liberté, les beaux spectacles variés de la nature. Tout paysan sur ses économies peut acheter un petit bien à trente-cinq ans et finir de le payer en dix ans sur ses revenus. Il est alors le roi de la création. Une fois ses impôts payés, il est maître chez lui, il est libre et rebelle à la servitude volontaire organisée par le despotisme. Ainsi l'article premier du socialiste est la destruction de la propriété foncière, tous esclaves.

Si vous voulez du communisme, faites-le chrétien. Dieu a mis la paix la plus complète de ce monde dans le renoncement aux passions, dans la vie en commun, exempte de luxe, et consacrée à l'aimer, à le prier. Ce spectacle a mis en fureur nos maîtres jouisseurs, comme un remords vivant. Ils ont chassé ces malheureuses vierges qui volaient de chastes âmes à la luxure. Ils sont bien les enfants du Prince de ce monde. Qui dans l'avenir pourra croire qu'un peuple civilisé, aimable ait permis à un pouvoir sectaire de dépouiller et de chasser de leur propriété, de leur pays des hommes inoffensifs, acquittant leur devoir de citoyen, uniquement parce qu'ils vivent honnêtement et économiquement en commun, sans porter tort à personne, sans fomenter de secrètes intrigues contre l'Etat ; les uns élevant sagement la jeunesse, les autres se dévouant aux malheureux.

Pas un grief, pas un délit, pas un crime. Alors pourquoi ? Cherchez au fond de votre cœur vous y trouverez le Mauvais ?

Les aptitudes que nous avons étudiées et qui différencient l'homme de l'animal peuvent se résumer par le mot civilisation. Mais l'homme seul connaît aussi le bien opposé au mal, à l'intérêt, aux appétits. En effet, seul des animaux, il a conscience qu'il doit se diriger par sa raison et non par ses instincts dévoyés ; seul il a le sentiment du beau qui invente les beaux-arts ; seul il envahit tous les règnes, dépasse par la pensée et le désir la nature tout entière, saisit les lois du monde et entrevoit l'immatériel, seul il connaît l'enthousiasme qui fait les héros, les poètes, les artistes ; seul il prie, il adore la Cause insondable, car dans le fond de son cœur, de sa conscience il a une intuition sublime qui le pousse à se mettre en rapport avec la divinité. Il a de nobles sentiments qui le portent au sacrifice de son égoïsme, à la miséricorde, au dévouement, à la divine charité, à donner sa vie pour une noble cause, pour sa foi. Mourir pour la foi, pour ses croyances, quelle folie ! dans l'incertitude ou la raison est plongée à propos de ses rapports avec la Cause suprême. Qu'est-ce que veut là notre cœur, notre instinct du surnaturel ; quel délire entraîne ces hommes à s'égorger pour leurs dieux, à martyriser leurs semblables pour une hypothèse insoluble. Cela est cependant, c'est un fait qui prime l'histoire de l'humanité tout entière, même à notre époque. Hier encore, en Algérie, des mahométans donnaient à choisir la mort ou l'apostasie. L'homme est un animal religieux, il a la passion de Dieu et Dieu serait absurde et cruel, indigne de l'homme si cet instinct qu'il a mis en nous était décevant. Il n'y a pas de peuple qui n'adore à sa façon la cause surnaturelle ; mais le catholicisme seul à fait de l'homme le modèle le plus sublime du dévouement et de l'adoration.

Voilà l'homme au-dessus de l'animalité. Les libre-penseurs, les yeux tournés vers la terre, méconnaissent le beau, le grand, le sublime ; leurs beaux-arts, leur littérature et leur poésie n'exaltent que la sensation. Ce ne sont plus des hommes, ils n'ont même pas l'avantage de faire partie de l'animalité, car, en méconnaissant la vertu, ils exagèrent les instincts dépravés. Espérons qu'ils ne feront jamais une humanité à leur image. L'homme divin, l'homme religieux, le partisan du Christ, ce modèle de dévouement et d'amour, persistera toujours, avec l'anti-égoïsme qui se caractérise par le sentiment du devoir, du sacrifice, avec l'enthousiasme pour le beau, pour le bien, pour le juste. Voilà ce qui distingue l'homme de l'animal.

Le Grand Ouvrier qui a fait la nature inconsciente,

l'animal instinctif est bien certainement le même qui a mis dans l'homme l'instinct de le chercher, de le prier, de l'adorer ; le sentiment de l'amour, du beau, du bien, de la justice, du détachement de soi, de la miséricorde. Mais ce qu'il nous donne, il l'a nécessairement et si nous ne pouvons saisir Dieu de nos sens, tout en le reconnaissant pour la cause première du monde et de notre être, nous ne pouvons sans le dégrader en faire une cause inconsciente. Il faut qu'il ait toutes les qualités suréminentes dont l'homme est doté : Dieu seul peut être la source d'où elles découlent sur l'humanité. Si Dieu n'est pas miséricordieux, nous serions plus grands que lui. C'est donc par nos qualités, nos nobles sentiments seulement que nous pouvons nous faire une idée suffisante de la divinité, autant que ses œuvres nous la dévoilent. Il faut qu'elle possède au plus haut degré nos grandes vertus, les perfections même que nous concevons sans les posséder. Dieu c'est le soleil de la raison qui nous éclaire, de l'amour qui nous réchauffe. C'est le bonheur parfait auquel nous aspirons toute notre vie.

Le matérialiste, réduisant Dieu à l'instinct, à la force inconsciente et fatale de la nature sensible, le mutile et, pour être logique, il doit se mutiler lui-même en refoulant les grands sentiments, en se courbant vers la terre au lieu d'aspirer au Ciel. Il doit se renfermer dans l'égoïsme faussé, impondéré, qui le conduit jusqu'à la férocité et à l'abjection des sens. Il faut nier à l'homme la dignité de sa conscience basée sur la distinction du bien et du mal que ne connaît pas l'animal. Il faut nier le libre arbitre, Dieu sera la force ; car, dans cette théorie qui nous ravale à la bête, l'homme n'a plus le droit d'être le maître de ses actions, puisqu'il n'a plus de responsabilité. La conséquence fatale, inévitable est qu'en cherchant l'indépendance envers le devoir, on arrive à la servitude. Car, dans la pratique, là où il n'y a que la force, le despotisme est légitime et nécessaire, qu'il soit entre les mains d'un Napoléon, ou d'habiles compères, des complices masqués, qui exploitent la multitude abrutie.

Oui ! Dieu doit être le dévouement, la miséricorde, l'amour dans sa force expansive et son sublime désintéressement. Dieu nous veut puisqu'il a donné la conviction enracinée du surnaturel et l'idée religieuse à toute l'humanité ; il nous appelle puisqu'il a mis dans notre cœur la soif du bonheur et la conscience que le bonheur parfait est possible, quoique ne se trouvant nulle part dans ce monde. Ceux qui l'aiment et qui l'adorent en ont seuls quelques lueurs. Ce bonheur pour lequel nous avons trouvé un nom, la béatitude, Dieu doit le posséder puisqu'il est Tout-Puissant et qu'il est l'origine et le dispensateur de tout bien. Ce bonheur parfait, cette joie sans mélange, cette félicité infinie, toujours renouvelée, toujours jeune dans l'éternité, si notre esprit la conçoit pour quelques étincelles qui éclairent et réchauffent rarement notre pauvre cœur, le maître souverain le possède certainement dans sa plénitude. S'il est aussi la bonté, son intention est de nous faire part de son bonheur puisqu'il nous en a donné l'idée et le désir. Et l'amour, torrent divin de la source infini (A. de Musset), ce sentiment suprême que l'homme idéalise, qui l'élève jusqu'au trône de l'Eternel, son Dieu, qui l'inspire, ne le posséderait pas, il n'en serait pas le foyer immense, comme sa Toute-Puissante : il ne pourrait pas le déverser sur ses faibles créatures, sur l'homme qui lui offre ses hommages ?

Ceux qui fuient Dieu et le relèguent dans les limbes sont obligés de fermer les yeux et de barricader leur cœur et leur raison en lui refusant la bonté et l'intelligence ; car l'amour de Dieu pour ses œuvres est de fait et raisonnable. Cette sollicitude se dévoile dans le monde comme une Providence souveraine protectrice et conservatrice. Mais, comme source de tout amour, Dieu se dévoile encore mieux dans l'amour dont il a doté ses créatures, dans l'instinct de tous les animaux pour sauvegarder leur progéniture conçue dans le ravissement d'eux-mêmes, dans l'amour maternel de la femme pendant toute la vie de ses enfants, commençant par les joies si vives, si pures de l'allaitement. Et l'homme n'est-il pas capable d'aimer sa compagne jusqu'à l'idolâtrie, ce qui est un excès que Dieu réprouve et punit souvent ; car c'est un Dieu jaloux qui veut la première place dans notre cœur.

Il le dit par Moïse dans le livre de l'*Exode*, chapitre XXXIV, 14, et encore avec plus d'insistance dans le *Deutéronome*, chapitre VI : § 5. « Vous aimerez le Seigneur votre Dieu, de tout votre cœur, de toute votre âme, de toutes vos forces. § 6. Ce commandement sera gravé dans votre cœur. § 7. Vous en instruirez vos enfants ; vous les méditerez assis dans votre maison ; en marchant dans le chemin, la nuit, au matin. § 8. Vous le lierez comme une marque dans votre main, entre vos yeux et vous l'écrirez sur le seuil et sur les poteaux de la porte de votre maison. » *Le Cantique des Cantiques* révèle bien à la fois l'amour terrestre de l'homme et l'amour mystique que Dieu veut avoir pour notre âme.

L'amour de Dieu que les précurseurs du Christ, les prophètes, avaient si bien pressentis, le Messie est venu le réaliser. Notez que l'histoire ne mentionne que le peuple Juif à qui Dieu se soit révélé paternel ; lui donnant un patrimoine ; le récompensant, le punissant, lui pardonnant.

Enfin le Christ a apporté à l'homme son amour, pour lui prouver que c'est l'amour de l'homme que Dieu a voulu en le créant, but sublime oublié et perdu depuis la prévarication, sauf chez le peuple choisi. Depuis la venue du Christ il y a constamment des milliers d'âmes qui lui donnent l'encens de leur amour et Dieu les bénit en leur donnant les joies les plus pures ; ce qui n'est pas un rêve mais la plus suave de toutes les réalités. C'est que Dieu est amour débordant et qu'il a créé les anges et les hommes pour partager cet amour, l'étendre dans le temps et lui former une cour céleste d'amants insatiables.

Mais pour avoir cet amour divin dans sa plénitude, ne faut-il pas que le vase qui va recevoir ce baume divin soit pur de toute souillure ? La préférence du bien-aimé ne sera-t-elle pas pour les âmes chastes dès l'aurore et qui ne connaîtront la chaleur du jour que pour agrandir leur amour et leur ravissement vers cet époux toujours préféré, toujours aimé sans partage ? Comment s'étonner que Dieu ait voulu se faire un chœur de vierges aux blanches ailes, et comment méconnaître la grandeur, la gloire du sacrifice que font les prêtres et les religieuses de toutes leurs joies mondaines et légitimes à la beauté suprême. Après deux mille ans d'aspirations amoureuses de la terre au ciel, est-il possible de nier que celui qui a mis cet amour dans le cœur de l'homme n'en soit pas le foyer et la récompense.

Nous avons depuis les temps historiques les plus reculés une tradition de nos rapports avec la Cause suprême et sur cette Cause elle-même, conforme aux plus belles données de notre raison et nous nierions que cette tradition nous ait été donnée par Dieu lui-même? Car notre raison, capable de l'admirer, était impuissante à l'inventer, à le réaliser. Cette tradition se termine par un acte d'amour, de bonté, de dévouement, de miséricorde tellement grand qu'il surpasse et confond la raison. N'avons-nous donc pas la vraie religion du vraie Dieu, puisqu'elle montre son amour et sa bonté au-dessus de toute comparaison? Dieu est le Bien suprême, l'Amour parfait. Jésus en est sur cette terre le modèle surnaturel, incomparable, donc Jésus est fils de Dieu; et Dieu se dévoile en lui dans des qualités qui étaient inconnues au monde avant lui : l'amour, la miséricorde.

Le matérialisme ravale toutes ces grandes et belles qualités au niveau de l'animalité. Certainement Dieu en a doté l'animal lui-même dans une juste mesure. Son amour comme son intelligence laisse son empreinte sur toute la nature. L'animal peut exposer sa vie pour défendre ses petits; le chien est dévoué et la colombe amoureuse a mérité de représenter à notre raison l'amour mystique de l'Esprit divin. Mais l'idéal des perfections qui se dévoilent à notre nature est hors de la portée de l'animal. Cet idéal s'entrevoit dans l'inspiration des hommes de génie : chez un Victor Hugo, chez un Lamartine, chez un Michel-Ange et mieux chez ceux qui se sanctifient pour remonter en Dieu à la source de tout amour : Les Augustin, les François de Salles, les Thérèse.

Conclusion.

Concluons donc que la raison d'accord avec la

science montre l'Etre suprême tel que l'homme l'a conçu sous le nom de Dieu et qu'il l'adore, tel qu'il doit le mettre en tête de tout pacte social et l'honorer publiquement.

Il est Un, dominateur de la nature tout entière, donc Tout-Puissant, sans limites, le seul libre, indépendant. Il est intelligent, savant, prévoyant, providentiel. Voilà ce que la raison humaine découvre en lui, ce qui est indiscutable sous peine d'attaquer la raison elle-même. La science le prouve, ainsi que l'étude de nos facultés. Car Dieu ne nous a pas seulement doté de la raison, il nous a donné aussi un cœur, la faculté d'aimer. L'amour suivi de sa satisfaction le bonheur sont donc deux choses existantes. Le monde, notre corps lui-même pourraient disparaître à notre sens intime le désir de l'amour et du bonheur pourraient persister. Ces sentiments, le bonheur, l'amour, qui existent dans la nature créée ont bien une source et cette source ne peut être que Dieu. Nous avons donc la conviction que Dieu possède le suprême amour, le suprême bonheur ; et le catholicisme seul en entrevoit l'épanchement et la satisfaction dans le commerce éternel des trois personnes divines ; puis sa bonté a voulu les répandre sur des êtres créés.

Nous pouvons donc terminer l'énumération des facultés divines que la raison nous a d'abord révélées par la science ; Dieu a l'amour et le bonheur immense. Le catholicisme prouve qu'il possède toutes nos vertus ; Jésus-Christ en a révélé les plus belles : la bonté la miséricorde, le dévouement. Tout en Dieu est parfait, immense, éternel ; ce qui lui manquerait serait d'un autre et il est le Seul. Il faut donc qu'il soit le centre de toute puissance, de toute qualité, de toute vertu ; et il nous a donné l'industrie pour nous prouver qu'il était créateur.

Esprit d'indépendance

Comment le matérialisme attaque-t-il ces hautes questions ? Il ne peut nier la noblesse de l'homme, il tient même beaucoup à cette noblesse, il l'exagère étrangement aujourd'hui. Comment faire en restant cependant sous le giron du Dieu instinctif qui ne peut lui infliger aucune responsabilité, aucun devoir, le fait libre dans la licence et légitime tout ce qui converge vers son égoïsme et ses appétits.

Alors le positivisme s'est ingénié à faire dériver de l'instinct tous nos nobles sentiments. Littré trouve dans le besoin de la conservation l'origine de l'égoïsme et dans celui de la reproduction, du rut, l'altérisme, l'instinct de tous nos nobles sentiments. Quelle méconnaissance des tendances perverses de l'homme à tout envahir, à abuser de son semblable, à le réduire en servitude, à le châtrer, à le torturer, à ne pas connaître de bornes à son amour des richesses, à sa cruauté, à sa luxure, la vraie fille de notre instinct génésique perverti. Voilà les véritables enfants de l'homme animal dévoyé, tel que Dieu certainement ne l'a pas fait, car il serait le mal. Ce sont les seuls sentiments qui restent à la multitude quand on lui arrache Dieu du cœur ; car avec lui s'envolent tous nos nobles sentiments. Dieu ne les met en nous que pour le connaître, l'aimer, le servir et par ce moyen acquérir la vie éternelle ; croyez-en le catéchisme. Le servir ! Voilà la cause de la haine contre le catholicisme.

Servir Dieu ! Non ! Le savant ne veut être le serviteur d'aucun maître. Du haut de sa raison infaillible il proclame son indépendance devant le devoir, il n'aura que des droits. Sa chère divinité, la bonne nature, étant enchaînée, il en fera au contraire sa servante : car il dompte l'animal, manie le feu, l'électricité, arrête les flots et perce les montagnes. Cela est incontestable. Ne mettons donc rien au delà de la nature ; rapportons vite tout à l'instinct et à la force ; torturons l'observation et le bon sens pour faire dériver toutes nos facultés, même les plus sublimes, de l'animal. Cela paraît juste puisque nous en avons les besoins ; l'anatomie et la physiologie n'en font-elles pas notre frère ? Le singe même devrait nous être supérieur, car il a quatre mains et Helvétius nous a appris que la main, au lieu de servir admirablement notre intelligence, est la cause de sa grande supériorité. Toujours l'agent, le moyen, l'effet pour la cause.

Tous nos savants matérialistes, l'esprit tendu vers ce but dégradant, ne rêvent que le bonheur de trouver les ressemblances qui nous abaissent à la brute ; car vous en voyez le motif et le but, l'indépendance est à ce prix. Du moment où il n'y a plus de Dieu libre, providentiel et autoritaire, l'homme devient le seul dans la nature qui présente les caractères de l'initiative de la liberté ; en lui s'épanouit l'intelligence du monde dans son ultime expansion. Le voilà incontestablement le premier, le seul ! En lui donc la nature doit prendre conscience d'elle-même, elle devient enfin raisonnable, de force aveugle qu'elle était.

Ah ! c'est grand, c'est abracadabrant, c'est digne de Satan. D'après cette lumineuse et scientifique théorie, qui, certes, n'a pas l'observation pour elle, le Dieu de la force et de l'instinct, la Nature, dans son inconscience, par un progrès fatal, perfectionne ses œuvres toujours nouvelles dans le cours des siècles. Elle s'incarne ainsi dans ses œuvres, prenant progressivement conscience de ses aptitudes, de son intelligence à mesure qu'elle se perfectionne ; en sorte que lorsqu'elle créait l'oreille elle n'entendait pas, quand elle créait l'œil elle ne voyait pas, quand elle mettait le principe de vie dans la cellule germe elle ignorait ce qu'elle allait créer. Cela renverse la raison, mais l'homme devient ainsi la suprême incarnation actuelle de la Force suprême, Dieu c'est l'homme. C'est fou, c'est contraire au bon sens, à l'observation réellement scientifique. Mais de quelle folie l'homme n'est-il pas capable pour s'émanciper de Dieu. Comprenez-vous maintenant pourquoi le matérialiste tient tant au roman du transformisme ? Avoir pour père la force brute et pour mère une antique et primitive cellule. Que l'homme est grand en comparaison ! Voilà bien le peuple souverain.

Il n'y a qu'un malheur entre mille à cette thèse flatteuse, c'est qu'elle n'explique pas plus les instincts malfaisants de l'homme, si contraires aux instincts admirablement équilibrés de tous les animaux, qu'elle ne leur explique ses nobles sentiments. Elle méconnaît notre vraie nature; elle nous met trop haut et trop bas. Le héros et l'homme de bien deviennent forcément des dupes, aucun altruisme ne peut démontrer le contraire. L'égoïsme seul surnage et étouffe le sentiment du devoir: il n'y a plus que des droits. Il n'y a plus de distinction absolue du bien et du mal, puisque le bien dérive de l'intérêt. L'altruisme n'est pas autre chose. Il n'y a plus d'arbitrage entre deux principes opposés, donc plus de libre arbitre, puisqu'il n'y a plus qu'un mobile, l'intérêt, l'utile, que le devoir envers Dieu n'existe plus.

Le matérialisme ne recule devant aucune de ces conséquences. Il a en effet le triste courage d'accepter ces conclusions effroyables ; il est déterministe, tout est bien à son heure ; ses philosophes le prouvent, ses romanciers ne connaissent pas de limites à l'entraînement passionnel ; la femme vous écoute, à son tour proclame son indépendance. Elle veut aussi vivre pour elle-même et satisfaire son égoïsme. Pauvres mères chrétiennes où êtes-vous ? Vous voyez d'ici les jolies mœurs qu'enfante notre siècle et ses épouvantables conséquences sociales.

Tout est faux dans cette théorie. Dieu merci, nous avons d'autres aspirations que l'animal, ne serait-ce que la recherche de l'inconnu par la science et le désir de connaître notre Seigneur et maître. Vous avez beau manier le sophisme, vous décapitez la majesté de l'homme, vous tuez l'idéal, vous niez faussement l'intangible. Non ! Non ! Pour le matérialisme il n'y a que le ventre et le sens rebelle. Les philosophes qui ont voulu en tirer les dernières conséquences l'affirment ; et quand la déception et la lassitude arrivent, ils déclarent que tout est mal. En effet, pour leur malheur et pour le nôtre ils ont méconnu le bien et préparé le malheur des peuples en déclarant la mort au catholicisme, la plus belle manifestation des perfections divines, mais qui gêne les passions et montre le bonheur dans le devoir. Mais ils ont beau heurter le bon sens, si l'Ouvrier suprême doit avoir la force, la puissance qui se dévoile dans l'ordre du monde, s'il doit aussi posséder l'intelligence admirable qui préside à la construction des plantes et des animaux, si la nature est son ouvrage, il faut qu'il possède aussi toutes les qualités suréminentes de l'homme, le créateur des beaux-arts, de la science et de l'industrie ; si l'homme est architecte, ingénieur, s'il a créé des chefs-d'œuvre, l'Ouvrier suprême a au moins les mêmes avantages. Il a connu et prévu avant de les exécuter le monde et les créatures. Sinon, nous le plaçons dans l'échelle des êtres au-dessous de nous-mêmes. Or notre faiblesse et nos infirmités morales, les limites de notre raison, sa folie lucide, l'erreur, prouvent que nous ne sommes que de faibles créatures à qui le Grand Ouvrier a bien voulu donner, de son propre fond, les qualités qui nous font dominer les créatures terrestres et nous élèvent jusqu'à lui par la raison, par le désir.

Cette notion du Dieu maître souverain du monde, du Jupiter antique, est si naturelle qu'il faut toute l'extravagance philosophique pour soutenir l'erreur et le paradoxe au profit des passions et pour inventer le Dieu Ouistiti, père de l'homme. C'est une honte de prostituer la science à cette œuvre coupable. Quelle ignominie ! qu'au xxe siècle de l'ère chrétienne, lorsque le Christ est venu dévoiler la notion la plus sublime sur la cause du monde, ce pygmée, comblé de lumière par son auteur divin, vienne lui nier l'indépendance pour se l'approprier : faible créature qui dépend du microbe, de la naissance et de la mort. Lui qui prétend tout savoir, il nie à son Dieu instinctif la prévoyance qui combine, l'intelligence qui crée l'œuvre dans la pensée avant que la main l'exécute. Lui qui se pare de grands sentiments n'en reconnaît aucun à son créateur.

Que l'amour diabolique de l'indépendance, que l'égoïsme féroce ne nous précipite pas dans les sophismes de l'erreur. Déployons notre raison dans toute son ampleur, élevons notre cœur pour embrasser dans nos faibles bras la raison suprême ; et nous trouverons avec délices un cœur qui répond au nôtre, une intelligence qui nous appelle, la majesté suprême en qui réside l'origine de tout ce qui est depuis l'atome jusqu'à l'homme et ses nobles sentiments. Pour cela tournons nos regards vers Jésus, son fils, fait homme.

Le Christ

Suétone dit que Vespasien aspirant à l'empire malgré son obscure origine, après qu'il eût vaincu la Judée, passa par l'Egypte et se mit en rapport avec les prêtres de Sérapis. Pour établir son prestige par des actions surnaturelles on lui présenta un aveugle et un boiteux qu'il guérit, l'un avec sa salive, l'autre en lui donnant un coup de pied dans le dos. Puis parmi divers présages qu'énumère Suétone avec conviction, Vespasien en fit valoir un bien remarquable c'est que, dans tout l'Orient, une tradition très ancienne faisait venir à cette époque de la Judée le dominateur du monde.

Vespasien arrivait trop tard, les Mages étaient

venus d'Orient adorer dans une crèche le maître du monde dont les guérisons surnaturelles, les miracles sans pareils étaient faits sous les yeux de prêtres qui n'étaient pas des compères mais des ennemis mortels.

Il dit : Je vous apporte la paix ; bien heureux ceux qui souffrent, les persécutés, les opprimés, les pauvres, le royaume du Ciel est à eux. Aimez-vous les uns les autres, soyez doux, pacifiques, miséricordieux, ayez confiance dans le lendemain, la Providence d'un Dieu paternel veille sur vous et sur toute la nature, vos cheveux sont comptés et le passereau lui-même ne tombe pas sans sa permission.

Pauvre cœur humain racorni, momifié par l'égoïsme chez les forts, par la servitude chez les faibles, noyé dans une corruption sans frein, quelle est cette voix qui t'appelle, qui te dilate, te redonne la vie de l'âme et t'élève à la hauteur de tes désirs toujours déçus. Ah ! il a bien racheté par sa mort l'humanité de son avilissement, de ses douleurs. C'est bien le vrai socialiste, mais le socialiste de l'amour, de l'égalité volontaire, telle qu'elle existe dans nos couvents, de la liberté morale, de la vraie fraternité gravée dans les cœurs, pratiquée dans nos églises, tandis que dehors vous en faites une affiche menteuse à côté des absinthes hygiéniques. Pauvres ouvriers, pauvres paysans, vos exploiteurs vous affirment ce qu'ils ne peuvent prouver et vous nient, sans preuves, ce que trente-cinq siècles ont affirmé. Ne voyez-vous pas qu'en flattant les mauvaises passions ils en attendent le pouvoir et les richesses ? Dans vos peines qui vous aide ? le prêtre, la sœur de charité et on vous apprend à les détester, sans preuves et de parti pris, et on les chasse.

Qu'on accepte la mission du Christ comme divine ou non, le fait est indéniable, Jésus, la bonté faite homme, est venu porter la joie à l'humanité et l'amour, celui qui a des ailes pour voler vers le Ciel et non celui de la brute, le Dieu Phallus.

Pas une vertu humaine que le Christ n'ait dépassée, pas une de nos douleurs qu'il n'ait sanctifiée ; c'est donc bien la cause première totale dans le Bien puisqu'il embrasse les facultés les plus éminentes de ses créatures, qu'il a vaincu le mal, qu'il en a constaté la source et que, s'il n'a pas créé sous nos yeux, il a ressuscité, il a vaincu la mort ce qui est mieux car, par là, il nous a prouvé que, sujets à la naissance, nous n'en étions pas moins destinés à l'immortalité.

L'œuvre de Jésus peut-elle être une simple conception humaine ? Il est impossible aujourd'hui de nier les faits historiques relatés par les évangélistes et par saint Paul. Il n'y a pas d'autre ressource pour établir l'origine humaine du catholicisme que de traiter les apôtres d'imposteurs, accommodant des faits historiques à la création d'une superstition. Ils en auraient été bien punis, car ils ont été tous martyrisés pour leur foi et n'en ont retiré aucun bénéfice temporel. Leurs successeurs eux-mêmes, pendant plus de trois cents ans, n'ont recueilli que la proscription et la mort. Ce n'est pas là ce que recherchent nos modernes révolutionnaires. Etudiez, compulsez la critique la plus savante, si vous êtes de bonne foi, si vous cherchez la vérité sans passion aveuglante, vous en viendrez toujours à l'opinion du grand manieur d'hommes sondant le problème de l'humanité sur le rocher de Sainte-Hélène : « Bertrand ! je connais les hommes et je te dis que Jésus n'était pas un homme. »

Si vous vous êtes empoisonnés aux sophismes et aux mensonges de Renan, lisez la réfutation de Mgr Freppel et concluez.

Quelle est donc la passion assez puissante pour aveugler l'homme au point de le porter à la haine d'une doctrine si bienfaisante qui satisfait la raison et tous nos nobles sentiments ? Car vous ne trouverez pas un indifférent en face du catholicisme. Toutes les religions, sauf le catholicisme, sont tolérées parce qu'elles sacrifient plus ou moins aux passions. On est *pour le Christ ou contre lui.*

On l'adore *ou on est son ennemi mortel.*

Quand ce n'est pas au grand jour, c'est au fond du cœur et cela bien souvent chez les catholiques eux-mêmes, sans qu'ils s'en doutent, quand ils sont en guerre avec leur conscience. Convenons-en, si par

13

nos nobles sentiments nous pouvons nous élever jusqu'à sa divine beauté, par nos mauvais penchants nous portons notre amour vers les satisfactions honteuses de nos sens pervertis. Il est en nous un antichrist, il a fait alliance avec l'orgueil, avec la chair : si l'homme divin veut embrasser Dieu, l'homme animal veut rester dans l'instinct et secouer le joug. C'est en cela que le matérialisme a l'avantage. L'expérience des blasés ne corrige pas ceux qui veulent à tout prix se faire illusion et cueillir le fruit du mal, jusqu'au jour où le malheur et le dégoût leur prouvent qu'ils se sont trompés dans la recherche du bonheur.

Le catholicisme seul rapporte à leur véritable origine toutes nos facultés, toutes nos vertus ; seul il remplit tous les désirs légitimes de l'homme et lui explique sa destinée. Avec lui il trouve son exemplaire dans l'Homme-Dieu qui est venu lui porter la joie et l'amour depuis si longtemps méconnus des hommes et lui apprend à vaincre les passions, la douleur et la mort. Jésus est la voie, la vie et la vérité.

Il n'y a qu'une ombre à ce tableau c'est que le bonheur ne peut s'obtenir qu'en pratiquant le devoir. Mais pour si doux que soit le joug de Jésus, c'est un joug et l'ange rebelle qui est en nous n'en veut pas. Il ne veut dépendre de personne ; il veut les droits de l'homme, il ne veut plus de devoirs. Qui donc a le droit de lui commander : commandements de

Dieu, commandements de l'Eglise. Qu'est-ce que cela ? Qui a pris le droit de commander à la conscience humaine ? Qui ? celui qui nous aime pour nous, pour le véritable bonheur de notre âme, bonheur qui n'est possible, l'expérience le prouve, que par le sacrifice de l'égoïsme et des passions. La doctrine seule de Jésus, son Eglise seule, a le pouvoir de redresser l'homme, de diriger la conscience, en le fortifiant par ses pratiques et ses sacrements : ce que n'ont jamais pu faire les Platon, les Confucius et les Stoïciens. Le catholicisme s'il n'était divin pourrait se définir : *L'art de cultiver le Bien, d'en recueillir le fruit de la paix et par une fermentation surnaturelle le vin de la joie.* Greffez-vous sur la vigne divine.

Votre bonheur est trop cher et de l'autre monde. C'est l'illusion d'une âme en délire, je n'en veux pas. Vive la vie ! et jouissons en ; nous mourrons tout entiers demain. Qu'en savez-vous ? vous êtes insensés, car vous préférez le vin frelaté au calice divin. A votre aise, choisissez. C'est la seule liberté que Dieu nous donne, mettant en nous la conscience du bien et du mal. Par cette opposition, par le choix, il a voulu nous fournir l'occasion d'acquérir une récompense incomparable, son amour ! La destinée de l'homme est dans sa main ; il va là où son désir le porte ; son bonheur et son malheur en dépendent.

L'indépendance, ce que nous appelons dans notre

orgueil du faux nom de liberté, n'existe nulle part, pas plus que le bonheur dans les satisfactions du monde.

L'homme ne méconnaît donc le vrai Dieu que parce que Dieu, se rapprochant de lui pour le faire immortel, lui impose des devoirs. Les découvertes miraculeuses de la science l'ont gonflé d'orgueil au lieu de le rendre reconnaissant envers son bienfaiteur. Car Dieu lui a fait le don sublime de la méthode qui devrait le rapprocher de lui, en lui montrant l'unité de Cause et l'Intelligence incomparable qui a présidé à l'œuvre du monde. C'est par l'observation des sens que la science expérimentale a produit ces merveilles, en analysant les phénomènes de la nature sensible ; le savant a trouvé une cause enchaînée à des lois immuables : astronomie, physique, chimie, physiologie, etc. Cette cause a obéi à tous ses caprices, elle enfante des merveilles entre ses mains. En fallait-il davantage pour le pousser, dans son orgueil, à se croire le seul souverain, le seul indépendant, en face de la nature asservie. S'arrêtant donc aux manifestations sensibles, visibles, tangibles, dites positives, il n'a pas voulu voir la vraie cause insaisissable qui domine la nature et la fragile puissance de l'homme.

Il a prononcé le grand blasphème, Dieu n'existe pas ; je ne dépends de personne puisque je suis le premier dans la nature ; construisons des systèmes pour tout rapporter à la force et à l'instinct ; à ce prix est la conquête de l'indépendance.

L'homme a donc deux tendances perverses qui veulent primer toutes ses aspirations :

L'égoïsme absolu ou l'amour de soi,

L'amour de l'indépendance.

L'un l'éloigne de l'amour du prochain, l'autre de l'amour de Dieu. C'est ce qui l'enrôle dans les trop nombreux bataillons de l'esprit du mal.

Christ et Antéchrist, voilà les deux banières. Vous serez chrétien ou vous renierez le maître du monde, notre esprit ne peut en concevoir un plus parfait, puisque notre Dieu résume toutes les qualités, toutes les vertus : après lui il n'y aura plus d'autres Dieux. Notre Dieu c'est la miséricorde et l'amour : notre père qui êtes aux Cieux.

La science, le progrès sont de vains mots en face du problème de la vie, car la science ne peut donner aucune certitude sur la nature de la Cause première. Il faut rentrer dans le rang et adorer le Maître Souverain tel qu'il se montre à l'adoration de notre raison, le Christ, tel qu'il se dévoile dans le secret de notre cœur, la conscience. Quant au progrès du siècle, il n'a rien de commun avec le progrès moral, le seul qui nous importe. Quand nous visiterons Mars ou Vénus, si la science nous le permet, nous n'y trouverons que vie, atome et mouvement, puisque les éléments y sont les mêmes que les nôtres. Ne comptons donc pas sur une transformation de notre nature, elle est et elle sera telle qu'elle fut toujours. Espérer dans le transformisme progressif, dans la raison pure pour nous régénérer c'est faux, c'est contraire à l'observation historique, à l'état actuel de nos mœurs déplorables. L'homme et la femme sont et seront ce qu'ils furent de tous temps ; ce que furent Adam et Eve au jour de l'épreuve, au jour de la tentation : *eritis sicut Dii.* Quelle belle observation du cœur humain, comme la Bible est vraie.

Pour régénérer l'humanité même sans la Bible, il n'y a pas de nouveaux moyens ; ce sont les mêmes qu'enseignait Xenophon dans la Cyropédie, il y a deux mille trois cents ans : élever la jeunesse dans l'obéissance, le devoir, le travail, la sobriété et la crainte de Dieu.

Le progrès de la science et de l'industrie, qui ont tant illusionné nos deux derniers siècles, ont augmenté d'une manière merveilleuse le champ de notre action sur la nature et accru le bien-être matériel. Au lieu d'être une cause de progrès, c'est une cause d'énervement et de sensualité en mettant à la portée de tous les jouissances matérielles qui ne sont jamais assouvies, d'où le succès des promesses des politiciens. Il n'y a là aucun élément pour élever l'âme, pour donner le vrai bonheur, pour éviter l'erreur. Les crimes ne diminuent pas, au contraire, car au lieu de dompter la bête on promet de la rassasier. Mais prenez garde à ceux qui ont faim, la bête est toujours prête à montrer les dents.

Il est de mode de reprocher au catholicisme de prêcher au peuple la résignation pour le détourner de ses revendications sociales et d'être le soutien du despotisme. C'est ce que l'on apprend dans les écoles de tout grade, c'est ce qu'enseigne l'histoire moderne hérétique et athée, depuis un siècle, la seule officielle, la seule admise comme vraie, maquillée et mensongère à plaisir ; mais qui s'en préoccupe.

On passe sous silence les noyades et les mariages, *in extremis*, de Carrier, mais tout le monde vous cite les dragonnades. On guillotine Lavoisier, mais on ne connaît que Galilée. Personne ne connaît les tortures infligées aux prêtres depuis 1793 jusqu'à la fin du Directoire, mais tous connaissent la révocation de l'édit de Nantes. Nous sommes sous une tyrannie qui opprime la conscience de la majorité des Français ; elle ne rêve que d'exterminer les catholiques, tout en se gardent bien de mettre cette ignominie sur leur programme électoral, et ces gens-là sont les premiers à nous accuser d'être les suppôts de la tyrannie : triples fourbes qui ne nous exècrent que parce qu'ils savent bien que nous sommes les seuls capables de leur résister.

Nous pouvons remonter à saint Louis pour leur prouver, par notre grand docteur saint Thomas d'Aquin que tout catholique a le devoir de résister à la tyrannie. Si on a vu des clergés trop soumis au pouvoir, il ne faut pas en accuser la doctrine ; il faut en accuser la faiblesse humaine. Quand ils ont eu le malheur de prendre part aux tortures, à l'inquisition, c'est pour en alléger les excès. Mais pour trouver la vérité dans toutes ces questions, il faut lire Joseph de Maistre, ce grand penseur, tenu dans le silence, de parti pris par tous les partis, même les catholiques entachés de gallicanisme et qui a dompté l'opinion par la logique de ses arguments. En ce qui concerne Philippe III voulant unifier l'âme espagnole, ce ne seraient pas nos modernes révolutionnaires qui auraient le droit de lui jeter la première pierre, eux qui, depuis un siècle, mettent l'Europe en feu, y soufflent la discorde pour en chasser Dieu et établir leur tyrannie occulte, basée sur la corruption, la destruction de la famille et de tout sentiment d'honneur et de patriotisme.

Le catholicisme ne prêche la résignation que là où ils sont incapables de porter le moindre secours, dans leurs théories décevantes. La résignation chrétienne a des baumes consolateurs pour toutes les désillusions, pour toutes les peines, pour toutes les douleurs, pour toutes les catastrophes qui atteignent notre pauvre humanité. Seule, dans son œuvre miséricordieuse, la religion du Christ a fait descendre sur la terre la paix et l'espérance qui, avec elle, si on la chasse, s'envoleront vers des cieux plus cléments.

Mais il vaut mieux laisser mourir comme des chiens nos soldats sur les champs de bataille, nos pauvres dans les hospices.

CHAPITRE II

Quelle est la voie suivie pour arriver à l'Indépendance ?

Le remords

Pour que l'indépendance soit complète, non seulement il faut que l'homme ne soit gêné par aucun commandement divin, mais encore qu'il perde la conscience de ce qui est mal, car s'il reconnaît qu'une action est mauvaise, sa raison exige qu'il ne la fasse pas. S'il la fait, survient au fond de l'âme un facteur très gênant, une sentence de blâme qui inflige une punition inévitable, le remords.

Le remords est de tous les temps, même les plus pervertis ; Juvénal, en commençant sa XIIIe satire, le déclare : « Toute action mauvaise répugne même à son auteur, tel est le premier châtiment d'une faute. On peut échapper aux rigueurs des lois, mais personne n'est absout au tribunal de la conscience. »

Mais ce tribunal, est-ce la nature qui l'a institué, n'est-ce pas l'homme lui-même, l'homme fort, l'intellectuel, qui a voulu dominer son semblable en lui faisant craindre, après la mort, un tribunal imaginaire, par la tradition de la peur ? La vue de notre faiblesse et de la grandeur de l'œuvre divine suffisaient bien pour porter à la crainte du maître souverain, c'est le commencement de la sagesse. C'est cette crainte qui a porté les peuples éloignés de la primitive révélation à adorer les forces de la nature, il n'est pas nécessaire de duper l'homme pour cela. On a pu exploiter le sentiment inné d'une justice divine inscrite dans la conscience, on n'a pu l'inventer. Mais Jésus en nous dévoilant l'amour de Dieu pour l'humanité, nous a appris à l'aimer jusqu'à regretter la moindre offense.

Ecoutez le catholique en face de sa conscience. C'est une observation aussi scientifique qu'une autre. Avant d'aller au confessionnal que fait-il ? Il fait son examen de conscience, car il sait qu'elle est sujette à l'oubli, à l'illusion, à l'erreur. Quel est cet acte intérieur qui nous fait descendre au sanctuaire de notre âme, là où ne pénètre aucun regard indiscret, où sont accumulées les archives de nos actes ; où j'évoque leur souvenir, leur malignité ; et où, les yeux fermés, l'esprit tendu, insensible à tout bruit extérieur, je regarde, j'interroge, j'énumère mes fautes ?

Matière, quel est ici ton rôle ; mouvement, électricité, est-ce vous qui allez faire l'interrogatoire ; cellule, mon Dieu, est-ce toi qui va répondre ? Quel mystère ! Et cependant mon âme est là tremblante, humiliée, elle avoue, elle est confuse, elle regrette et elle fait signe à l'appareil cérébral de transmettre l'ordre au poing de frapper ma poitrine ; pendant que le principe vital fait spontanément couler mes larmes, tout mon être est en souffrance. Voici que je suis aussi affligé que si le juge humain prononçait contre moi une sentence infamante.

Plus le juge d'instruction m'interroge à ce tribunal intime, plus je reconnais avec douleur les infractions que j'ai commises à cette trinité invisible, la vérité, le bien, le juste. Ce n'est pas la crainte du châtiment, c'est la honte d'avoir souillé ma dignité d'homme et d'avoir affligé le Dieu qui m'aime.

Mais une autre personnalité est là, une autre voix s'élève. L'avocat de mes fautes essaie de les pallier et même de les légitimer. Tout est étrange, effrayant dans ce drame intime ; si j'y trouve un juge qui accuse, un avocat qui plaide, celui qui rend la sentence, c'est moi-même, c'est le coupable : par ma faute, oui, par ma très grande faute.

Malheur à moi quand je ferme la porte de mon âme à ce juge scrupuleux mais bienveillant et que, sur les conseils de l'avocat du mal, du défenseur de mes fautes, je méconnais les conseils affectueux de ce juge qui ne confirme la sentence que pour m'accorder un sursis.

Arrivera le jour où à force de mépriser les avis salutaires de mon juge, de barricader le tribunal de ma conscience, j'en arriverai, à la grande joie de l'avocat du mal, à méconnaître le vrai, le bien, le juste. Mon âme entortillée, liée, bridée, un bandeau sur les yeux, à la merci de l'Esprit du mal, n'ordonnera plus à la volonté que les actions mauvaises, celles qui assouvissent mon égoïsme perverti. Plongée dans la nuit de l'erreur elle ne verra, ne jugera, n'agira, *sans en avoir plus conscience*, que d'après la volonté du démon, du maire du palais de ce roi fainéant. Mais au jour du grand jugement, la conscience réveillée reconnaîtra trop tard sa responsabilité et que ses erreurs furent successivement volontaires jusqu'au jour où Dieu l'abandonna dans son sommeil mille fois provoqué.

Le cœur de ce peuple s'est épaissi et ils ont endurci leurs oreilles et ils ont fermé leurs yeux de peur que leurs yeux ne voient, que leurs oreilles n'entendent, que leur cœur ne comprenne et que se convertissant je ne les guérisse. (Mathieu, XIII, 15.)

Voilà de l'observation vraie ; l'homme a le pouvoir de tromper la conscience, et la raison finit par méconnaître la vérité quand elle ne cherche que des prétextes pour éviter le devoir, pour faire le mal.

Les miracles de Jésus étaient trop éclatants pour être niés, il fallait que son pouvoir vînt des démons. Ainsi les ennemis de Dieu ne cherchent dans le catholicisme que ce qui le dépare chez ses pratiquants : ils ne lisent que les ouvrages qui le critiquent et le diffament. Le libre arbitre exige qu'ils restent dans leur erreur mortelle, tant que leur désir ne se tournera pas vers le bien. Si les apôtres n'avaient pas interrogé Jésus à l'occasion de ses paraboles, ils n'auraient pas recueilli la vérité : Dieu ne la donne, il ne donne la foi, la rectitude de la conscience qu'à ceux qui l'implorent, aux hommes de bonne volonté. Hors de lui, de sa direction, la conscience se trouble, car elle n'a été mise en l'homme que pour aller à lui.

On ne veut pas écouter la conscience parce qu'il faut pratiquer le devoir et que le devoir pèse. M. Lasserre avait le pressentiment que l'eau de Lourdes guérirait ses yeux, il hésitait, parce que sa conscience lui disait que pour mériter cette faveur il fallait quitter une liaison coupable et revenir à Dieu.

Mais, en retour, quand on a pris la grande résolution, quelle joie, quelle paix, quelle sérénité descend dans l'âme avec l'absolution transmise à ses apôtres par le Christ rédempteur ! Quel est le malheureux, l'ouvrier, le pauvre, le déshérité qui ne trouvera ainsi dans la pureté de sa conscience un bonheur immense. Comme il bénira Dieu dans son temple en chantant ses louanges, enivré d'encens, de lumière et d'harmonie ! Depuis l'antique David l'observation est toujours la même. (Ps. XXXV, 9, 10.)

Inébriabuntur ab ubertate domus tuæ :
et torrente voluptatis tuæ potabis eos.
Quoniam apud te est fons vitæ :
et in lumine tuo videmus lumen.

Ils s'enivreront des délices qu'on ne trouve que dans ta demeure : tu les désaltéreras dans un torrent de voluptés, parce que tu es la source de toute vie ; et que dans ta lumière seule l'homme pénètre la réalité.

Halte-là, halte-là, n'entrez pas là, c'est défendu, au nom de la libre pensée. Pardon ! si mes électeurs regardaient si bien dans leur conscience, ils regarderaient trop dans la mienne. Nont-ils pas le café chantant et nos chefs de claque, les marchands de vin ?

Allons secouons ces fantômes : que diable je suis un honnête homme, ma conscience ne me reproche rien. Oui ! le monde qui voit très bien nos vices sera trop poli pour vous dire le contaire. Si votre visage dénote une maladie grave, quelqu'ami bienveillant vous avertira peut-être charitablement et vous dira, soigne-toi, mon ami. Mais cette maladie morale, qu'il partage peut-être, que vous ne voulez pas apercevoir dans votre conscience étouffée sous l'édredon du plaisir et des passions chéries, il ne la dénoncera pas, si c'est surtout l'orgueil qui domine. Avouez-le, vous ne le lui pardonneriez-pas. Croyez-en notre expérience, allez à confesse. Là, seulement, vous trouverez un père qui sondera vos plaies et qui vous guérira. Il n'y a que là où on vous ôtera la poutre de l'œil ; votre femme et vos enfants n'ont même pas autorité pour cela. Quelle épouvantable erreur que de professer que tout est bien chez qui croit bien faire. Méfions-nous ! et prêtons l'oreille au remords dès son premier appel. N'attendons pas ces grands coups de foudre où la terreur punit les Néron, les Charles IX, les Elisabeth d'Angleterre (1). Ce serait

1. Voir l'*Histoire d'Angleterre*, par John Lingard traduction de Léon Wailly-Charpentier, 1843.

Henri VIII, persécutions atroces, écartèlement, entrailles ouvertes : t. III, p. 234, 236, 239, 283 ; pauvres abandonnés, ch. V, p. 265.

Elisabeth, t. IV.

Inquisition établie en Angleterre par Elisabeth. Dragonnades contre les catholiques, p. 221 à 234, p. 353-356. Sa luxure à soixante-six ans, ses remords, ne voulant plus se coucher parce qu'elle voyait un fantôme dans son lit, p. 437. Louis XIV ne sévit contre les protestants que par représailles contre les cruautés de protestants d'Angleterre envers les catholiques.

Lingard note P., t. IV, p. 783. Règne d'Elisabeth.

Voici les divers genres de torture principalement employés à la Tour.

1o La question (*the rack*) était un large châssis de chêne élevé de terre de trois pieds ; le prisonnier était étendu dessous, couché par terre sur le dos ; on l'attachait par les poignets et le bas des jambes avec des cordes à deux rouleaux, placés aux deux extrémités du châssis ; ceux-ci étaient mus par des leviers dans des directions diverses, jusqu'à ce que le corps s'élevât au niveau du châssis. On posait alors les questions au patient, et si les réponses n'étaient pas satisfaisantes, on tirait de plus en plus, jusqu'à ce que les os sortissent des articulations. Il y avait en plus : la fille du boueur, les gantelets de fer, la petite aise, tor-

encore une grâce, car souvent c'est le réveil ; tandis que la tiédeur léthargique est sans remèdes. Hélas ! que j'en ai vu mourir dans cette fausse sécurité d'une vie lâche et méprisable, d'une conscience dépravée.

Il y a cependant un symptôme constant, persévérant d'une mauvaise conscience, c'est que la satisfaction des sens, la fortune la plus fidèle, n'arrivent pas à donner le bonheur. La joie sonne faux, le visage manque de sérénité, la main de franchise : tristesse et ennui. Le tourbillon du monde devient indispensable, il faut s'étourdir et chercher chaque jour une occupation ou un plaisir nouveau ; les plus malheureux sont ceux qui, dans leur orgueil, ont été empoisonnés par les sophismes philosophiques. Le dernier avertissement que Dieu donne par miséricorde dans cette vie d'épreuves jusqu'à la mort où on va à la réprobation, c'est qu'il retire sa joie ; il ne la donne qu'à la bonne conscience. Dieu nous ayant créés pour mériter sa béatitude, nous la donne dans cette vie, par anticipation, tant que nous pratiquons le bien et cela malgré la pauvreté, malgré la fortune la plus adverse. Lui seul est la source du vrai bonheur et, soyez-en sûrs, puisqu'il l'a promis complet, il le réalisera.

tures charmantes où de 1500 à 1585 furent soumis des catholiques en grand nombre. Le relevé en est fait par le journal d'un prisonnier.

Comme prémices Dieu donne la joie à l'enfance et à l'adolescence honnêtes. Il y a une chose plus agréable que le chant des oiseaux, c'est le chant de l'ouvrier au travail; Dieu lui donne le bonheur parce qu'il a confiance dans le lendemain et qu'il n'a pas abusé de ses dons. L'ouvrier matérialiste ne chante plus la joie ni l'amour; empoisonné tous les jours par l'excitant meurtrier de l'alcool et de son journal, il ne connaît plus que l'envie et la haine. Son chant est la *Carmagnole* et à bas la calotte.

Vous qui lui avez fait son *credo*, comparez.

Confusion du Bien et du Mal

Comme le forçat peut s'habituer aux galères, celui qui fait le mal peut s'habituer au remords, y paraître insensible malgré un malaise plus ou moins latent. Pour y parvenir il faut appeler au secours les sophismes les plus variés, l'erreur, cette syphilis morale qui peut se transmettre aux enfants et même à tout un peuple, à toute une époque historique.

L'homme à qui le devoir pèse appelle le doute et essaie de se faire illusion sur la valeur du commandement : il plaide en faveur du mal, il essaie de le transformer en bien. Ce qui est bien ici n'est-il pas mal là et réciproquement ? Cette confusion ne prouve qu'une chose, c'est que l'homme a le pouvoir de tout nier, de tout méconnaître devant sa raison ; le libre arbitre l'exige ainsi. Il n'y a pas une vérité qu'il ne puisse voiler par l'erreur et le sophisme, si son désir l'y pousse. Les convictions en politique, en morale sont-elles assez divergentes aujourd'hui ? pauvre raison !

L'homme est aussi un être enseigné, il est solidaire de son époque, de son pays, de ses parents, de ses instituteurs, de son entourage ; et comme il a simplement les germes du bien et du mal, suivant la culture, les exemples ou les conseils, on peut le prédisposer au crime ou à la sainteté. En agissant dès le berceau pour obscurcir sa raison on altérera sa conscience et tout un peuple peut être malheureux en raison de ses erreurs communes ; l'histoire le prouve et nous en sommes actuellement les victimes. C'est donc une chose très grave que la direction donnée à l'éducation. Bien coupables ceux qui en ont chassé Dieu. Malgré le bien-être matériel poussé à un degré inouï jusqu'à nos jours, le peuple athée est malheureux ; il est rongé par l'amour de l'argent, du superflu, par le dégoût du travail, l'envie et le mépris qui, avec la sensualité ont remplacé l'amour. La gaieté du Gaulois et le rire du Franc n'existent plus.

Mais quand ce peuple bestialisé peut remuer quelque étincelle du foyer éteint de sa conscience, il le rallume à une bonne inspiration, à une divine parole, à un bon exemple. Observez la conscience populaire au théâtre, en face du traître, de l'assassin, preuve que la conscience existe toujours et qu'elle ne fait que sommeiller du sommeil de l'erreur. Nos ennemis le savent bien ; c'est pour cela qu'ils ferment la bouche à nos prêtres.

La conscience existe ; seulement, comme le miroir, elle a besoin de n'être ternie par aucune cause et il y a manière de s'assurer si elle est nette et d'y voir briller la vérité ; c'est dans les cas douteux de s'en rapporter à la perspicacité d'une personne désintéressée et éclairée, c'est le rôle que doit remplir le juge. Que de criminels se font illusion sur la gravité de leurs actes ; il est vrai que les Lombroso, ces grands savants, les déclarent irresponsables. Mais il y a un moment où, à moins d'être abandonné de Dieu, le doute s'en va définitivement sur les faits lointains. Quel est le vieillard qui, revenant sur son passé, ne gémit des actes honteux ou même criminels que les passions lui ont fait commettre en l'illusionnant sur leur gravité et leurs désastreuses conséquences. Voilà donc la même conscience dans ses deux états d'erreur et de vérité. Soutiendrez-vous que le second état est une illusion comme le premier et que la vérité morale n'existe pas ? C'est aller contre la raison humaine et il n'y a plus de principes qui ne puissent se nier ; mais il ne faut pas dire que l'homme peut se conduire sans danger par ses propres lumières. Si votre conscience ne vous reproche rien, c'est qu'elle est dans l'erreur, le sage se reproche tout.

Il faut de plus que la conscience s'éclaire aux

préceptes divins dont la sagesse est confirmée par le résultat final, bonheur ou malheur : telle l'union indissoluble prouvée par les effets désastreux du divorce. Il faut confesser ses doutes et ses tentations à un guide discret et éclairé. Jetez un coup d'œil sur un manuel de confession et déjà votre superbe chancellera. C'est une pitié d'avoir à poser de pareilles questions, devant l'assentiment de tous les peuples à toutes les époques. Quand les passions se taisent, notre raison ne doute plus. Quand il s'agit du prochain l'homme est même très sévère sur les atteintes à la morale et à la justice. La conscience publique, la conscience privée peuvent tomber dans quelques erreurs partielles et momentanées par coutumes, préjugés, par les sophismes des philosophes et des politiciens, par les pratiques d'une fausse religion ; mais l'humanité prise en bloc dans la durée des siècles a fait le code du juste, sans parler de nos cas de conscience. Il n'y a pas un licencié en droit qui n'en remontrerait à nos matérialistes modernes obligés de conclure, d'après la théorie, que le péché n'existe pas, que tout crime est une aberration mentale. Pour le matérialiste il ne peut plus y avoir de conscience ni de discernement sur le juste, le vrai et le bien, car l'instinct de l'animal le plus perfectionné ne connaît pas la loi morale. Quand le chien obéit, après correction, ce n'est pas qu'il reconnaisse sa faute, c'est qu'il a compris ce qu'on lui défendait.

Ces réflexions ne sont pas hors de saison, car il faut toujours se rappeler que nous devons être des animaux transformés, perfectionnés, sans quoi il n'est pas possible d'affirmer que la cause première n'est qu'instinctive. La loi morale n'est logique qu'avec un Dieu, volontaire et justicier. Dans ce désarroi de toute croyance il est des esprits cultivés, réfléchis, qui essaient, à l'instar des philosophes païens, de sauvegarder leur conscience, de pratiquer le respect de soi-même, à l'encontre de toute croyance. Ils n'auront de vertu que contre les défauts qu'ils n'ont pas, aveuglés par l'orgueil et sujets à des chutes mortelles. Ils n'auront ni la paix ni la joie. La morale indépendante c'est l'hypocrisie de la conscience. Quelle douleur, que notre siècle est à plaindre d'avoir faussé la conscience ; quels terribles malheurs vont l'atteindre, l'assaillir à mesure que le vice s'infiltrera dans les masses. La révolte et le crime suivront la corruption, à moins qu'une léthargie mortelle n'abrutisse le peuple dans l'ivresse et la sensualité.

Le despotisme a toujours tendu à corrompre le peuple ; non seulement il se fait ainsi tolérer, mais il se fait aimer. Néron fut peut-être le plus regretté des empereurs par le peuple romain. Il était le roi du sport de son temps ; et les courses de chevaux passionnaient les Byzantins à la veille de leur ruine. La passion du sport — ne pas confondre avec une saine gymnastique — détourne l'esprit des grandes idées, des grands sentiments, elle en fait des esclaves inconscients. Aussi la secte par ses journaux y précipite la foule et expose à tout propos le portrait des vainqueurs musclés pour exciter la lubricité féminime. Les magasins étalent partout le sourire provocateur de la femme, le baiser lascif, les poses obscènes. Les places publiques sont peu à peu peuplées de statues qui forcent les honnêtes femmes à baisser les yeux. Il faut exciter la luxure parce qu'elle énerve l'homme et l'éloigne de toute ambition, en fait un esclave volontaire.

La libéralité de l'Etat a orné, depuis quelques jours, la plus belle promenade de notre ville de deux statues de marbre de grandeur naturelle. L'une, au nord, représente Dalila, la gorge nue et Sanson, entièrement nu, à demi-renversé sur elle, la contemple. Il étale sa forte musculature, accentuée jusque dans la courte draperie. — Voilà pour les vierges. Celle du midi complètement nue aussi, l'Etoile du Berger, est plus compliquée. Vu de dos, c'est une croupe bien modelée, dans la position de la cavale du désert pour être fécondée par le vent. Vue de face, le corps est violemment redressé, les seins menaçant le ciel, le cou est tordu, les bras relevés sur la tête, laquelle est langoureusement penchée vers le berger. Celui-ci, à genoux, un ivrogne sans doute, vêtu seulement d'une gourde, appuie sa poitrine sur les cuisses de l'étoile, les mains jointes à leur naissance. Il semble implorer la faveur que Néron réclamait de ses dames romaines. — Voilà pour les éphèbes.

Je n'ai pas vu encore une seule personne oser arrêter son regard, devant le public des promenades, sur ce modèle de sadisme, mal équilibré quant à la pose, malgré le talent de l'artiste. Mais il fallait tout sacrifier au but poursuivi d'infuser la luxure.

On popularise peu à peu les corps de ballet, à quand la danse du ventre. Mais il y a en plus, on le sait, le but de détruire la religion. Pour cela le théâtre a été appelé, peu à peu, insidieusement, à familiariser le public avec le costume ecclésiastique, à avilir les choses du culte; et ces jours-ci le moment a paru favorable, dans une pièce infâme, de tout souiller à la fois.

Voici d'abord une religieuse défroquée qui excite un malheureux prêtre à la suivre et à apostasier. Elle s'approche d'une statue de la Vierge devant laquelle brûle un cierge qu'elle éteint, c'est bien le cas. Puis dans le fond on voit une Ecce Homo, pour indiquer aussi qu'on va de nouveau couvrir de crachats l'Homme-Dieu. La pièce se déroule ; tout ce qui est objet de respect défile sur la scène: nonnes en costumes divers, au son des cloches et des chants liturgiques ; moines ambitieux et roi cruel ; la fameuse inquisition avec la torture que les catholiques ont sans doute enseignée aux Romains païens, aux Chinois, à Henri VIII et à sa fille Elisabeth, ces modèles de protestants tolérants, qui inventèrent eux aussi un ingénieux écartèlement à l'usage des catholiques obstinés. Enfin le type connu de la sainte exaltation mystique est représenté comme une hystérique qui, en croyant donner son cœur à Dieu, ne rêve en réalité qu'à ce même prêtre lubrique ; et cela jusqu'à son dernier soupir qu'elle rend sur la scène en baisant le crucifix et en invoquant simultanément Jésus, son amant et l'amour. L'actrice qui a joué ce rôle porte un nom juif, elle a bien gagné ses trente deniers.

Pauvre sainte Thérèse, s'ils avaient seulement lu ta correspondance, comme ils auraient vu que ta droite raison ne vacilla jamais et que ton cœur de vierge ne fut jamais terni par la moindre souillure.

Mieux que la tyrannie, dit La Bruyère dans ses *Caractères*, chapitre X, c'est une politique sûre et ancienne, pour dominer le peuple, que de le laisser s'endormir dans les fêtes, dans les spectacles, dans le luxe, dans le faste, dans les plaisirs, dans la vanité et la mollesse ; le laisser se remplir du vide, et savourer la bagatelle.

Et écoutez l'antique Hérodote :

Cyrus après avoir vaincu Crésus et fait la conquête de la Lydie, apprit que Sardes, la capitale s'était révoltée. Il donna l'ordre de la soumettre et d'y installer des cabarets, des spectacles et des lieux de débauche, avec ordre de les faire fréquenter assidûment, disant qu'ainsi il n'y aurait plus de révoltes ; et en effet il n'y en eut jamais plus.

Vive le café chantant et le zinc et ces bonnes associations féminines que nos maîtres se gardent bien de dissoudre ; et en effet ce sont leurs meilleurs auxiliaires. Mais gare à la captivité de Babylone,un peuple sensuel est lâche et devient la proie de ses ennemis, les anti-patriotes l'apprendront à nos dépens.

Vers la moitié du siècle dernier une presse cosmopolite inventa, à l'unisson, un dogme nouveau; celui des nationalités. Quoi de plus philanthropique ! La bombe d'Orsini rappela à Napoléon III ses pro messes de Carbonaro. Le royaume d'Italie fut fondé. Les sectes trouvèrent aussi légitime l'empire de la Prusse. Pourquoi ! Aujourd'hui les mêmes archets jouent l'ouverture d'un opéra nouveau, l'antipatriotisme, sauf en Allemagne. Ne s'agirait-il pas de lui soumettre les nations catholiques, pour n'avoir plus dans l'Europe continentale que deux têtes à couper, celle de la Prusse et celle de la Russie, déjà prise aux cheveux ?

Malheur, mille fois malheur aux infâmes jour nalistes qui déversent au peuple l'erreur et le vice comme unique nourriture, comme pain quotidien. Malheur aux sectaires qui corrompent le peuple pour le mieux asservir, malheur à ceux qui enseignent l'erreur à l'enfance, car la distinction du bien et du mal peut être dépravée comme toute chose. En reniant la morale du Christ nous tombons plus bas que les païens, car ils avaient une crainte confuse mais salutaire de la divinité.

Voici les conséquences du matérialisme ; en ne voulant considérer que la nature tout entraîne l'humanité vers l'irresponsabilité et la satisfaction des sens. Nous fermons les yeux pour ne pas voir qu'un ennemi intime nous sollicite nuit et jour vers le mal et le malheur ; que la vie est un combat ; et c'est lorsque l'ennemi nous a mis en servitude que nous nous croyons libres parce que nous avons déserté le devoir. Notre désir à fait alliance avec le démon et nous souhaitons qu'il n'y ait plus de Dieu.

Alors le seul Dieu, est le pouvoir, occulte aujourd'hui, ennemi du vrai Dieu de celui qui seul peut nous faire combattre les mauvaises passions et résister aux méfaits du pouvoir. Car avec un peuple avili, en distribuant savamment la manne du budget, il se fait adorer ; n'est-il pas le Dieu des richesses et des honneurs ; ce monde est bien son royaume. Tout lui est permis ! il peut dévorer un milliard sur la fortune publique au seul coup du Panama. Le rapport de liquidation constate que sur un milliard et demi de francs, quatre cent quarante-trois millions seulement furent employés au canal de Panama (1).

1. Le journal. *Le Tour du Monde* de 1902, p. 6, article de Raymond Bel.

La presse, à l'exception d'un seul, émargea à la caisse du Panama ; comptez sur elle pour vous donner la vérité. Sept cents millions de l'épargne publique ont été pillés par une famille, dont le chef fut chargé par les adorateurs du Veau d'Or d'étrangler l'épargne catholique.

La nation se divise en deux classes : les mangeurs et les mangés. Ceux qui dévorent le budget et ceux qui l'engraissent. Ah ! que c'est beau le progrès, la science, le règne de la raison et cette nouvelle fraternité qui a démodé celle de notre Christ, la solidarité, qui en dit long sur ses conséquences : aide-moi je t'aiderai, tous les autres seront des ennemis ; soyons les plus forts, nous les dépouillerons, de par la loi, de la lutte pour l'existence. Laisse-toi pousser au socialisme pauvre peuple sans défense, molécules du corps social, comme le dit savamment un illustre socialiste, on te donnera ta molécule de pain et tes maîtres, les surhommes, feront la noce à tes dépens ; tes filles, à bonne école, charmeront leurs loisirs. Si tu veux secouer ta chaîne gare aux sergots.

Le catholique qui est moins esclave de ses passions et plus difficile à amorcer par l'appât du budget, il faut le détruire ; c'est un gêneur ; et les religieux et les religieuses qui ont fait vœu de pauvreté, il faut les chasser. Rien que des appétits. Alors les fermiers de cette basse-cour viendront soir et matin distribuer les menus grains, le pur froment sera pour eux ; les forts, les renards que la nature a favorisés de ses dons et qui seuls ont le droit naturel de gouverner et de jouir, ce seront les barons du jour avec le droit du seigneur. Quels bons maîtres vous aurez là, comme ils remplaceront avec avantage le Christ consolateur. Ah ! vous ne vous en doutez pas, mais c'est le règne de Satan, de l'Antéchrist. Riez du démon, de ses cornes, de sa queue fourchue ; dites que c'est un épouvantail bon pour faire peur aux moineaux. Il n'est pas si sot que de s'extérioriser. Mais, Messieurs les savants, pratiquez la méthode d'observation sur vous-mêmes ; analysez les éléments intimes de vos actes et concluez. Vous arriverez toujours à ces deux solliciteurs de notre âme : l'esprit du bien qui porte le regard vers un Dieu bienfaisant l'esprit du mal, père de l'orgueil et de la révolte, le prince de ce monde plus facile à concevoir par son action malfaisante que Dieu par sa douceur.

Voulez-vous vous guider sur des observations incomparables, lisez l'*Imitation de Jésus-Christ*, l'*Introduction à la Vie dévote* qu'Henri IV de France et l'hérétique Jacques Ier d'Angleterre savaient si bien apprécier.

La fatalité

Quand l'homme a obscurci la conscience du bien et du mal par le sophisme, qu'il a assoupi le remords par l'erreur, il lui reste cependant des moments lucides où la vérité reparaît comme le soleil dans une éclaircie de brouillard. Alors l'esclave voudrait secouer les chaînes de ses passions, mais il se sent las pour cette besogne. La volonté comme le muscle se fortifie ou s'atrophie suivant l'usage. Alors on se complaît dans cet esclavage et on se déclare irresponsable, on accuse tout sauf la lâcheté : l'entraînement irrésistible, un défaut dans l'appareil cérébral, l'influence du milieu de ce fameux milieu qui a fait la création à la place du bon Dieu.

Pour soutenir cette thèse il y a aujourd'hui tout un arsenal médico-scientifique qui fera l'admiration de nos petits-enfants s'ils sont guéris de la maladie morale et philosophique qui nous abêtit. Dans le malheur on ne veut plus reconnaître la main vengeresse de Dieu. Nous voilà revenus à la fatalité antique et musulmane, au Destin, mais qu'importe pourvu qu'il n'y ait plus de Dieu justicier. L'instinct s'accorde très bien avec le destin. Amis de la joie on vous prépare de grands jours.

Mais la fatalité, l'entraînement considéré comme irrésistible dans certains cas seulement ne suffisent pas pour dégager complètement la responsabilité ; pour être libre de tout frein, il faut toujours pouvoir la nier ; il n'y a pas d'autre moyen pour étouffer complètement la conscience. Allons ! un pas de plus, l'indépendance sera complète, nions le libre arbitre ; nous serons irresponsables comme nos ancêtres en transformisme, notre aïeule le Chimpanzé, notre grand-père l'Orang-Outang. Vous êtes excusés, le crime est consommé. Dans ce tournoi à perdre haleine pour ou contre le libre arbitre les philosophes du siècle ont le dessus. Mgr d'Hultz, le défenseur du libre arbitre le reconnaît dans une note ajoutée à ses conférences de 1891 : la raison par ses propres forces ne peut prouver le libre arbitre, c'est une question de conscience. Cela est vrai et il faut en chercher la cause, car le libre arbitre est un fait et il est indispensable de le mettre hors de doute car sans lui l'homme est un instinctif.

Libre Arbitre

Voyons comment se comporte la raison en face du libre arbitre. Il est évident que, sous peine de folie, la raison a toujours un motif qui dirige ses jugements ; reste à savoir si ce motif lui est propre ou lui est imposé. Or, nous avons vu que l'homme est fait pour chercher le bonheur. Tous les motifs qui dirigent notre raison convergent vers ce but, quelles que soient les apparences. Nous ne sommes donc pas libres d'une liberté absolue.

Si tous les hommes suivaient les mêmes voies pour arriver à la satisfaction, au bonheur, ce serait un instinct ; il n'y aurait pas la moindre trace de liberté. Mais quelle divergence d'opinion et d'action en cette matière, chacun comprenant le bonheur à sa manière, même les martyrs. En cela donc il y a une certaine liberté, chacun puisant ses motifs d'action suivant son opinion.

Mais le rôle de la raison devient ici bien étrange. Comment peut-il y avoir divergence d'opinion lorsque la raison est constituée pour voir la vérité qui est une ? La vérité n'est-elle pas la constatation des choses et des faits, de ce qui est ? Suivant la raison, tous devraient donner au bonheur la même origine et le même but. Donc là où il y a deux opinions opposées il y a au moins une erreur. Nous trouvons ici la raison en défaut ; elle nous donne la preuve qu'elle n'est pas un guide absolument sûr, qu'elle n'est pas toujours infaillible. Etudions les cas dans lesquels elle est portée à l'erreur ; c'est indispensable pour comprendre le rôle qu'elle joue dans le libre arbitre.

Qu'est-ce qui produit l'erreur ?

Pour les phénomènes de la nature il est facile d'éviter l'erreur, c'est la science, la vraie science, la seule. L'erreur, cette ennemie mortelle de l'homme, y est facile à vaincre, après l'analyse vient la synthèse. Là il n'est pas permis de se tromper.

Mais l'homme n'est pas seulement constitué pour voir les vérités sensibles ; l'homme est un être moral, il a le sentiment du bien, du juste et de leur contraire, le mal. Ici l'expérience montre que les passions, les intérêts, les opinions sur nos relations avec nos semblables, avec la cause première ce qui pour tout esprit élevé s'appelle le devoir envers

Dieu, que tous ces motifs et ceux qui en découlent, envisagés au point de vue du bonheur, portent sa raison à des jugements si divers, si opposés, parfois si incohérents, que cette pauvre raison humaine est insuffisante pour nous guider dans la certitude du bien et du juste ; je veux dire dans la pratique car, au repos, quand l'homme veut voir dans la paix du cœur la vérité, Dieu la lui dévoile dans toute sa clarté. A un moment survient ce phénomène remarquable qui a pris le nom de désillusion. Dieu a placé d'ailleurs sa preuve dans le résultat : le bien est bienfaisant et produit le bonheur, le mal est dévastateur et produit le malheur. Chez les peuples l'histoire le prouve ; chez chacun de nous cela est aussi vrai, quelles que soient les apparences.

L'erreur est donc néfaste ; quand la raison s'y est abandonnée, quand elle a rendu son jugement et l'a exécuté, elle voit trop tard le mal, il ne reste plus que le repentir. La raison mal dirigée est donc un instrument dangereux et aujourd'hui on en fait une girouette qui tourne à tous les vents. Cherchez Eole c'est le politicien, c'est son journal.

Donc si nous pouvons combattre avec succès l'erreur dans les sciences naturelles, là où elle est le plus à redonter, dans la direction de la vie, elle coudoie à chaque instant la vérité. La raison a une balance juste, mais les passions y mettent de faux poids. Dieu l'a voulu ainsi pour que la vie fût un combat, laissant dans notre main notre destinée, pour aller, suivant notre désir, à lui, ou nous en éloigner ; pour aller au bien ou pour aller au mal, pour aller à la vérité ou pour aller à l'erreur. Il fallait même qu'il y eût un penchant au mal pour qu'il y eût effort volontaire vers le bien, d'où pouvait provenir uniquement le mérite et par suite une récompense légitime.

Voilà où est le libre arbitre ; l'homme est une volonté ; du choix dépend notre destinée ; il n'est que là. Car nous ne sommes pas maîtres d'empêcher les impulsions qui frappent à la porte de notre cœur. Il y a là constamment des voies qui parlent ; deux plaideurs, l'avocat du bien, du vrai, l'avocat du mal, du sophisme et de l'erreur ; et l'homme doit toujours veiller sur ses jugements qui peuvent lui donner la vie, le bonheur dans la vérité ; la mort de l'âme, le malheur dans l'erreur préférée. Ce tribunal s'appelle la conscience, il a en effet sa science propre qui corrige toujours les erreurs de la raison quand notre désir va vers le bien ; il nous porte à voir la vérité en Dieu, celui qui veut réellement notre bonheur et nous le fait désirer et espérer jusque dans la mort. L'erreur que nous déplorons et qui est la faculté de s'éloigner de Dieu, de la vérité *est un élément du libre arbitre.* Dieu l'a permis ainsi que le mal, pour nous donner le mérite de le rechercher dans la vérité, de vouloir le bien, de le préférer ; et en vue d'une récompense aussi grande que les désirs de notre âme la conçoit, une félicité sans nuage, la vue du bien en Dieu dans toute sa splendeur. C'est donc dans la conscience que nous devons chercher notre guide, Dieu ne nous a pas voulu par raison, par intérêt, il nous a voulu par désir, par amour, car c'est son amour, sa joie, sa béatitude qu'il nous offre, seule récompense qui soit digne de ses perfections et de nos désirs. Nous le sentons bien avec la paix du cœur quand nous luttons contre nos mauvais penchants ; de même que nous sommes avertis par la tristesse, le trouble et le remords quand nous pratiquons le mal.

Mais le libre-arbitre exige que le remords s'émousse à mesure que nous préférons au bien le plaisir malsain, que nous allons vers la bête, et finalement Dieu a le droit de nous abandonner temporairement ou pour toujours dans le mal et dans l'erreur ; heureux quand la réflexion ou le malheur viennent nous ouvrir les yeux, nous avertir de notre faute et nous faire rentrer en nous-mêmes. Au jour du jugement nous serons obligés d'avouer que notre réprobation a été volontaire, le fruit de notre libre arbitre. Nous serons forcés de rendre hommage à la justice divine (1).

1. Le pire supplice sera le souvenir du vrai bonheur entrevu à l'heure de la mort, de la félicité éternelle donnée aux bons et perdue à jamais; et la vie en commun dans l'égoïsme et la méchanceté.

La douleur sera si cuisante que les damnés se précipiteront dans les flammes pour soulager leurs douleurs morales par la

Donc pour ceux qui veulent chasser Dieu et se complaire dans leur égoïsme, le libre arbitre est si gênant qu'il faut le combattre par tous les moyens que peut inventer la raison, car il est la base de la responsabilité. Mais on n'aura pas même d'excuse dans la faiblesse de la raison, dans l'erreur, car pour confirmer la conscience Dieu nous a révélé les relations qu'il voulait avoir avec nous; d'abord à nos premiers pères, puis, dans le cours des siècles, par Abraham, Moïse et Jésus-Christ. A mesure que l'on suit le guide divin la raison s'illumine, la volonté se fortifie dans les sacrements et l'homme en se perfectionnant tous les jours arrive à cet état de pureté morale que l'humanité tout entière admire dans nos missionnaires et nos sœurs de charité, et qu'elle décore du nom magnifique de sainteté. Ce ne sont pas des fous mystiques; approchez-les, vous serez frappés de leur raison, de leur prudence, de leur vertu.

Combien est grande au contraire la folie moderne qui fait la raison souveraine pour permettre aux passions tout leur débordement. Ce n'est pas la vérité qui devient souveraine c'est l'erreur.

Ah! ce n'est pas seulement dans la distinction du bien et du mal que la raison est en faute, qu'elle déraisonne sous l'influence des passions; elle le fait

souffrance physique. Ainsi le simple éloignement de Dieu qui fut volontaire sera l'origine des supplices des damnés sans faire de Dieu un tortionnaire.

aussi en s'élevant dans les nuages, en voulant dépasser ses limites, ses moyens. Des peuples entiers tombent dans l'erreur affirmée audacieusement par les philosophes et les romanciers du jour dont l'influence est grande. Ils croient avoir saisi la vérité par leur seule raison, jusqu'à ce qu'une nouvelle théorie devienne à la mode.

Les erreurs modernes sont: la Réforme, le Jansénisme, Rousseau, le père de la Révolution, avant-hier Proudhon, avec Auguste Comte et George Sand, Saint-Simon, le Père Enfantin. Aujourd'hui Renan et Zola, la Bible passée vainement au laminoir et la place est déjà libre pour demain.

Les commentaires exégétiques sur l'Ancien et le Nouveau Testament ont passionné les libres-penseurs avec l'espoir d'y trouver des contradictions, des erreurs pour anéantir la doctrine. La Bible embrasse toute la période historique dans une doctrine parfaite à l'exclusion de toutes les autres religions plus ou moins tarées ; et cette critique acerbe n'a pu l'entamer. Les Evangélistes et saint Paul ont successivement écrit, en des lieux divers, pour répondre aux demandes et aux besoins des jeunes Eglises dispersées dans le monde latin, pour les mettre en garde contre les hérésies naissantes. Ce qui en ressort de divinement inspiré c'est la pureté et l'identité de la doctrine chrétienne qui y est confirmée. C'est indiscutable. Mais Jésus-Christ n'a transmis ses instructions que par la tradition orale et c'est son Eglise catholique, apostolique et romaine qui en a le dépôt. Tu es Pierre et sur cette pierre je bâtirai mon Eglise.

Toute théorie qui flatte les passions aura du succès et sèmera l'erreur dans le monde.

Quand de grandes erreurs de principe poussent un peuple à des conséquences épouvantables, vous vous en lavez les mains en disant : c'est un jeune peuple en délire. Les cruautés et les infamies de notre Révolution sont mises bravement sur le compte de la folie ; les peuples ainsi ne sont plus responsables. Eh ! oui, le malheureux ouvrier excité par son journal et ses exploiteurs, qui finit par devenir fou furieux en vivant au cabaret, n'est plus responsable de ses actes d'alcoolique, mais il est responsable d'être allé au cabaret et l'Etat de l'y faire trébucher à chaque pas. A Saint-Etienne pour 10.000 ouvriers il y a 1.100 cabarets. Mais ne touchons pas au marchand de vin, c'est le pontife du suffrage universel. Il distribue le vin de la bonne doctrine et le journal bien pensant en fournit le pain quotidien.

A mesure que le jeune adolescent amasse hâtivement dans les écoles les éléments des choses, sa confiance en sa propre raison dépasse toute prudence ; et l'on n'a jamais plus d'idées arrêtées en religion, en politique, en toutes choses qu'à l'âge de vingt ans. Pas d'observations personnelles, pas d'expérience, pas d'études suffisantes pour mener à bien la moindre question importante : mais hâte fébrile de conclure, d'avoir une opinion à soi et de l'imposer aux autres. Ce qui est plus grave, la plus grande partie de l'humanité reste ainsi toute la vie sur les données les plus sommaires ; sans profondeur dans la pensée ; le jouet de toutes les illusions, dupe à jamais des sophistes et des politiciens.

Pour avoir un grand cœur, une grande intelligence, une volonté souveraine, pour devenir un homme, il n'y a qu'un moyen, c'est de mater la chair dans la jeunesse.

A ceux-là l'avenir, les grandes joies, la beauté, le succès.

Il faut donc se méfier de la raison au lieu de la placer sur nos autels. Elle nous a donné trop de preuves de ses divagations quand elle a voulu atteindre l'intangible, viser à l'infaillibilité qu'elle refuse aux inspirations divines, innover des principes nouveaux sous prétexte de progrès. Son infaillibilité ne s'étend pas au delà des sciences naturelles où l'artiste divin veut bien nous révéler ses procédés afin de l'admirer, de l'imiter.

Ne sutor ultra crepidam. Nous ne voyons que la nature qui est le piédestal de la divinité. Vous me direz, si nous avons élevé la raison bien haut vous la mettez bien bas. Non, puisque avec le secours de la science, de rapport en rapport, nous nous en sommes servi pour remonter jusqu'à Dieu, cause première intelligente et providentielle. Mais, pourquoi oublier que la raison peut trébucher à chaque pas dans l'erreur, qu'elle l'a toujours fait comme individu, comme caste, comme nation, comme époque séculaire.

Les opinions courantes sont-elles assez variées et contradictoires suivant les passions. Le criminel le plus féroce se fait souvent illusion sur la gravité de ses actes. Son avocat essaie de persuader le jury de son innocence. Dans une procédure un des deux avocats plaide souvent le faux et arrive parfois à convaincre les juges; cela même lui fait honneur et lui attire la clientèle.

Le juste : M'anéantir ! oublies-tu qui tu es ? L'injuste : Je suis le raisonnement : (nuées d'Aristophane).

Parmi la multitude des erreurs sur la cause première accumulées par les philosophes, les révolutionnaires et les matérialistes, par les protestants eux-mêmes et les jansénistes il en est une épouvantable qu'ils acceptent tous, c'est la négation plus ou moins formelle du libre arbitre, dont on n'ose tirer toutes les conséquences qui ne vont à rien moins qu'à faire de l'homme un instinctif, un animal, qu'il faut parquer comme les moutons sous la houlette de nos jacobins et des francs-maçons qui dans leurs rites occultes adorent l'ennemi du Christ.

Est-ce la vérité que cherche le politicien, le plus grand malfaiteur des temps modernes parce qu'il trompe le peuple au profit de son ambition et le pousse à sa perte? est-ce l'opposition dans un gouvernement, ne défend-elle que le droit et l'intérêt vrai de la nation? est-ce le diplomate qui ruse avec son compère dans l'intérêt de son gouvernement; est-ce Bismarck poussant la France à la guerre par ses ruses et ses mensonges? Nous ne connaissons plus les courtisans du roi Soleil, il vaut cependant la peine de les étudier dans Saint-Simon; mais le courtisan existe toujours et son rôle est de tromper les puissants du jour pour avoir une faveur, c'est-à-dire une injustice. Il est un art qui mène à tout c'est de connaître les passions dominantes de l'homme et de les exploiter par d'habiles sophismes.

Cherchez la vérité chez le financier qui excite l'avarice pour voler l'épargne. Essayez de prouver au joueur, au dissipateur qu'il va à sa ruine, au déshonneur. Parlerons-nous du jeune amoureux qui pare son adorée de toutes les vertus, comme Musset si fier de sa conquête, si malheureux quand il est trompé. Et l'homme mûr qui se ruine pour une danseuse, et le vieillard qui oublie toute dignité dans ses dernières illusions, et la femme adultère qui légitime son crime et réussit à engourdir les soupçons du mari, thème inépuisable pour nos romanciers avec le droit au bonheur.

Parlerons-nous des opinions politiques : royalistes, orléanistes, bonapartistes, républicains, communistes, socialistes, anarchistes. Que de gens convaincus parmi les sinistres farceurs qui mènent la France à la mort, à la discorde, à la ruine pour arriver au pouvoir par tous les moyens. L'histoire entre leurs mains n'est plus la vérité, elle est cachée sous le manteau d'Arlequin. Il n'y a que les opinions religieuses qui soient plus tenaces et plus difficiles à conduire à la vérité.

Vérité voile ta face et pleure sur la raison de l'homme qui préfère le mensonge ; le mensonge qui n'existerait pas si la raison était souveraine dans sa clarté, son infaillibilité.

L'homme doit donc toujours se mettre en garde contre l'erreur et apprendre à éviter cet ennemi satanique, à connaître ses ruses, ses traquenards, le concours que lui donnent toutes nos passions, nos tentations. Rappelez-vous que la raison va toujours d'un raisonnement à l'autre, d'un échelon à l'autre et qu'alors elle est toujours obligée de contrôler si elle est d'accord avec les premiers, c'est pour cela qu'il est indispensable de donner aux enfants d'excellents principes ; car tout le monde n'a ni le temps, ni l'ampleur de la pensée pour faire ce travail à chaque idée reçue, l'enfant moins que tout autre.

Malheureux sophistes, malheureux philosophes, instituteurs athées qui empoisonnez la jeunesse ; politiciens effrontés, mettez-vous une meule au cou et précipitez-vous dans la mer et souhaitez qu'à ce prix Dieu vous pardonne.

Si les philosophes guidés par la raison pure sont à craindre, les philosophes catholiques sont à écouter; car avec les Pères de l'Eglise, les saint Thomas d'Aquin et toute la pléiade des théologiens du moyen âge et des temps modernes ils ont dépassé la région des nuages pour s'élever à la pure vérité. Mais ce n'est qu'en se laissant guider par la vérité révélée et nos ennemis n'en veulent plus. Quand les défendeurs du Christ veulent combattre avec leurs adversaires, ceux-ci refusent de monter dans une région où leur conscience serait éclairée avec leur raison et l'orgueil philosophique, le fier Sicambre, serait obligé de courber la tête. La raison ne serait plus souveraine.

Les philosophes matérialistes appellent donc au combat nos pauvres prêtres dans la région des nuages, sans guides surnaturels, ce qu'ils appellent la raison pure ; combat singulier où les adversaires combattent les yeux bandés. Car nous avons montré les limites de la raison; elle ne peut juger avec certitude que les *rapports* des objets sensibles. C'est la science expérimentale ; de l'enchaînement de ces rapports la raison remonte aux causes et bâtit des théories d'autant plus lumineuses qu'elles embrassent tous les faits nouveaux. Mais c'est grâce aux sciences exactes, mathématiques, géométriques, qui dévoilent la volonté divine, la chaîne que la raison souveraine a établie entre tous les phénomènes ; Dieu nous les a donnés pour connaître les lois qu'il impose à ses œuvres, et pour conclure par ses œuvres à son unité, à sa sublime intelligence, à sa souveraine puissance. Voilà les moyens dont dispose la raison. C'est par ces armes qu'il faut combattre le matérialisme. Il faut le suivre sur le véritable terrain du positivisme et lui montrer par quels moyens la science peut mener à Dieu. Si le prêtre veut rester dans son quiétisme philosophique, il n'est plus compris par ses contemporains, ce n'est plus un apôtre. Aujourd'hui le paysan, l'ouvrier, empoisonnés par leur journal, ne nous posent que des problèmes matérialistes.

Il faut brider la raison, il faut lui montrer que les sens ne peuvent atteindre les causes qui mettent la matière en mouvement, ni les substances qui constituent la matière, elles sont intangibles et du domaine du surnaturel. La raison ne peut donc saisir, dans sa certitude, la cause première ; quant à sa substance, c'est encore plus impossible, parce qu'elle ne se révèle plus aujourd'hui par aucun phénomène sensible, comme elle le fit à nos premiers pères. Il est donc dangereux de vouloir se faire une théorie sur la cause première et sur nos rapports avec elle par les seuls efforts de la raison ; sur ce terrain les philosophes indépendants pêcheront toujours en eau trouble.

Il faut accepter la révélation que Dieu, dans sa bonté, ne pouvait nous refuser, la dégager des alliages que les passions humaines y ont ajoutés, c'est ce que fait l'Eglise catholique et en pratiquer les obligations, quand l'expérience montre que, par ce moyen, l'individu et les peuples vont vers la sagesse, la vertu et le bonheur, seule manière d'en confirmer la vérité. A l'arbre vous reconnaîtrez les fruits. La méthode d'observation qui conduit à la vérité dans les sciences y conduit aussi dans la recherche des lois morales que Dieu nous a imposées. Là aussi pour juger de la vérité d'une chose il faut en voir les effets.

Résumons nos arguments pour conclure au libre arbitre

Nous avons trois guides pour diriger notre vie : premièrement la raison qui nous mène à Dieu et à la vérité, sous condition de nous garer de l'erreur et d'avoir le cœur pur. En second lieu la révélation primitive qui nous a donné la tradition mosaïque confirmée par le Christ. Mais Dieu emploie un troisième moyen, une révélation de tous les instants, instinctive, sans efforts ; cette révélation a son siège dans la conscience, elle consiste dans la notion du bien et du juste. C'est là que Dieu nous parle, où il nous appelle. Il n'est pas nécessaire d'être philosophe pour l'y sentir, heureusement, l'observation de l'enfant suffit. La conscience nous avertit avant l'acte, tandis que la raison souvent ne se désillusionne qu'après.

Il était donc naturel que Dieu mît le libre arbitre là où il mettait la distinction du bien et du mal ; pour guider aussi bien l'enfant arrivé à l'âge de discernement que le philosophe phosphorescent. Dieu en nous refusant la certitude rationnelle du libre arbitre, en voulant l'appuyer seulement sur une conviction profonde, sur une certitude morale que la raison peut ébranler quand elle désire le mal, produit en nous le mérite d'aller vers la vérité alors qu'elle peut la refuser.

Si la raison nous avait donné la certitude du libre arbitre, si nous n'avions pas pu confondre le bien avec le mal, nous n'aurions pu qu'accuser l'entraînement aveugle, la fatalité, quand nous nous abandonnons au mal. Nous aurions eu ainsi moins de facilité à fuir le bien quand notre désir se porte vers le mal. L'arbitrage de la volonté voulu par Dieu serait faussé. L'homme serait incliné vers le bien puisque la raison dans sa pure clarté, dans son infaillibilité lui aurait donné toujours la certitude de sa responsabilité. Il fallait que la raison, comme le cœur, pût se refuser, il fallait l'erreur.

La plus grande preuve que nous puissions donner de notre amour c'est de le mettre en opposition avec l'intérêt. Dieu ne pouvait nous vouloir par raison, par calcul ; des deux prétextes pour nous réfugier dans l'erreur, la fatalité et la confusion du bien et du mal il ne restait que la fatalité et encore bien amoindrie. Elle ne peut d'ailleurs se baser que sur l'injustice divine, Dieu ne peut être indifférent à ses œuvres. Il ne fallait pas que la raison s'opposât par l'évidence à la tendance au mal, à s'éloigner de Dieu, Dans le premier arbitrage que fit l'homme, son désir, sa volonté le portèrent vers le mal, en désobéissant il tomba dans l'erreur et il a laissé ces tendances à sa postérité. Dieu attend que nous tournions nos regards vers lui, notre désir ; il a la bonté de nous y inviter dans la conscience et par la religion. Dès que nous tournons nos regards vers lui, il accourt soutenir notre volonté impuissante par elle-même. Ceux qui ridiculisent la présence de Dieu dans chaque conscience limitent sa puissance, tout en reconnaissant dans l'énergie physique la puissance de pénétrer à la fois tous les corps depuis l'origine des mondes. Ecoutez saint Bernard.

« Dieu est également partout tout entier par la simplicité de son essence.

« Il est dans les êtres privés de raison, mais il ne peut être compris par eux.

« Les êtres raisonnables le saisissent par la connaissance.

« Les bons seuls ont le privilège de l'atteindre par l'amour. » (1).

Pour être vertueux, l'homme est donc obligé de faire un effort ; il est à terre, et pour se relever il a besoin d'un aide. Dieu l'a voulu ainsi pour prouver

1. Saint-Bernard, *Pensées et Méditations*. V. Palmé, éditeur.

que par nous-mêmes, nous ne pouvons aller vers lui, vers le bien et que tout notre mérite se résume dans un désir efficace, la bonne volonté. Par nos pères, nous nous sommes éloignés du bien ; il existe un atavisme moral ; c'est à nous à tendre les bras, à implorer le secours du Dieu bon qui ne le refuse jamais. Prions ! Il voulut en nous créant nous donner sa béatitude et obtenir notre amour ; mais à la condition de lui prouver que nous le désirons pardessus toutes nos joies passagères, et que nous sommes prêts à suivre son commandement.

Ainsi quand nous faisons un acte d'abnégation, d'obéissance, de vertu, c'est dans le cœur qu'il répond par une douce sensation de chaleur, de paix, de bonheur. C'est là la seule preuve que nous sommes dans le vrai. La raison ne doit pas être le premier mobile de notre volonté vers Dieu, c'est le cœur. Si la raison n'avait pu nier le bien et la vérité elle n'aurait pu, sans démence, préférer le mal. La tentation n'est possible qu'avec l'erreur et le sophisme. *Il fallait donc que la raison pût nier le libre arbitre. Cette base fondamentale de la responsabilité et du mérite devait pouvoir être rejetée par l'homme en état de révolte.*

C'est donc dans la conscience que doit siéger le libre arbitre, là où réside la distinction du bien et du mal, où Dieu nous appelle, où l'esprit du mal nous tente. C'est là et là seulement que la volonté libre doit faire son arbitrage et souvent à l'encontre de l'intérêt et du plaisir. Chaque acte de vertu est une conquête sur l'ennemi de Dieu. C'est par le libre arbitre de l'homme que Dieu a voulu mortifier son ennemi.

L'homme dès le début ayant manqué à sa mission, sa postérité a conservé la tache originelle et chacun de nous est appelé au combat de tous les jours. Dieu fournit les armes pour combattre l'esprit du mal, il soutient notre bras, il nous conseille, nous n'avons qu'à avancer le pas dans la voie qu'il nous a tracée : *ut inillis ambulemus*. C'est en cela que saint Paul réduit le pouvoir de la volonté (Ephésiens, II, 10) : *Un oui, un non*.

Nous avons vu, en étudiant la raison, que tout acte de la pensée se réduit à un oui un non, un jugement sur le rapport du sujet à l'attribut ; ce rapport est ou n'est pas (1). Mais toutes choses avec leurs rapports, étant établies par Dieu sur des types primitifs, sur les idées, quand nous jugeons suivant le plan divin nous sommes dans la vérité, quand nous nous en éloignons nous allons à l'erreur. De même dans la conscience, notre volonté en allant vers le bien, nous allons vers la volonté divine et par conséquent vers la vérité ; en allant vers le mal il est donc juste que nous allions vers l'erreur.

Il faut bien faire attention que l'erreur n'est pas une excuse, ni les actes successifs qui en sont la

1. Voir l'ouvrage précédent de l'auteur.

conséquence lorsque l'erreur a eu pour origine le désir, la volonté de nous éloigner de Dieu, de nous concentrer dans nos appétits, dans notre égoïsme, dans notre orgueil.

Si la conséquence du bien est d'aller au bonheur, la conséquence du mal est d'aller au malheur. Voilà en quoi consiste le Juste, qui avec le Bien et le Vrai forment une trinité de facultés divines. De leur concordance et de leur harmonie résulte le Beau, du Beau la Joie et de la Joie l'Amour.

Le matérialiste ne peut connaître la Justice ; pour lui il ne peut y avoir que la Force dans l'arbitraire, puisque l'homme est irresponsable. Le bien se confond avec l'intérêt puisqu'il est relatif, le vrai se borne à la sensation et conclut à la mort totale. Son beau méconnaît l'idéal et exalte la sensualité ; sa joie est fausse, elle cherche vainement le bonheur dans le plaisir, et le but de la vie se renferme dans l'égoïsme.

L'expansion, le dévouement, l'amour qui porte à mourir pour celui qu'on aime, où cela se trouve-t-il, mon doux Jésus ! Lycéens et lycéennes répondez : l'amour ! c'est l'union physique, temporaire, de deux égoïsmes.

Vous donc qui aimez tant la liberté, reconnaissez que c'est dans le libre arbitre que réside notre unique liberté, et encore elle se réduit à un simple mouvement en avant de notre *désir*, de notre *volonté*, c'est tout ce qu'elle peut dans le bien, sous l'impulsion de Dieu. Pour tout le reste nous sommes dépendants des vicissitudes de la vie, de la mort, de la nature : enfin des devoirs dont Dieu nous a donné la tradition. Quand nous les enfreignons, l'expérience de tous les siècles montre que nous allons à la tristesse, au remords, à l'erreur, au malheur. Voilà la preuve qu'ils sont bien dans notre nature, mais les passions nous empêchent d'en convenir.

Il y a deux manières de comprendre le bonheur, celle de concentrer en soi toutes les jouissances, ou de porter son amour hors de soi vers son prochain vers le Dieu qui nous appelle. Voilà notre liberté, du choix dépend à la fin la désillusion ou le bonheur.

Tu aimeras ton Dieu par-dessus tout et ton prochain comme toi-même

Le matérialiste nie donc la seule liberté que possède l'homme et il la nie au nom de la liberté. Mais par ce nom profané de liberté, il entend l'indépendance de tout devoir, de tout frein, de tout ce qui contrarie son caprice et ses passions. La raison, la divinité moderne est toujours prête à flatter ses désirs, à combattre la conscience par le sophisme, par l'erreur. Dieu l'a voulu ainsi ; car si Dieu nous eût donné la certitude invincible du bien et de notre responsabilité, nos actes, sous peine de démence, devenant instinctifs, Dieu devait nous laisser mourir comme le chien, n'ayant pu acquérir le mérite. Aussi selon la doctrine matérialiste, il ne nous doit rien, ni récompense, ni punition.

L'homme rebelle, de tout temps, a préféré cette solution, c'est la dernière étape dans la révolte, nous disons aujourd'hui révolution. Quand le monde romain eut confondu sa raison dans la multiplicité de ses dieux ; que le Sénat eut refusé d'admettre parmi eux le Christ, le seul vrai Dieu, proposé cependant par l'empereur Claude, survint le scepticisme des philosophes. Dieu fut remplacé par la morale stérile et orgueilleuse des stoïciens et le sensualisme d'Epicure. Le monde romain y périt. Lorsque l'imprimerie répandit leurs vices avec leur littérature, le même scepticisme reparut, grandit, surtout en Italie ; fut la cause de la réforme, qui n'est qu'un rationalisme bâtard et finalement éclata au XVIIIe siècle pour engendrer la révolution et l'athéisme moderne. La négation de Dieu n'est donc pas nouvelle, elle fut de tous les temps, l'*Ecclésiaste* le constate.

Mais l'homme ne vit pas de négation ; on ne peut nier Dieu sans nier la cause du monde. Il en faut une cependant à la raison ; il faut donc remplacer le Dieu qui a parlé à l'homme sur le mont Sinaï et dans les profondeurs de la conscience par un Dieu sourd, complaisant pour toutes nos faiblesses. Or l'étude de la matière et de ses produits, de ses combinaisons, la science ! ne suffit-elle pas pour montrer les rouages de cette grande muette, de cette inconsciente qui, dans les plantes et les animaux, nous montre la fatalité des organismes, de nos instincts, de nos appétits et de nos aspirations ?

Soumettons-nous donc à la destinée et jouissons de la vie, telle quelle, au mieux possible, quitte à la rejeter quand elle n'a plus que de l'amertume. Que nous fassions bien, que nous fassions mal, nous irons où vont la rose et le chardon, le tigre et l'agneau. Quel compte de nos actes peut nous réclamer la Nature, elle, qui fit le coq lascif, le renard ; et qui, dans la fourmi, légitime l'exploitation du faible par le fort.

Haine et malheur au catholicisme, à ce Dieu cruel qui contrarie tous les appétits innés de l'homme et qui ne sait montrer nulle part l'évidence de sa personnalité, la certitude de ses promesses. Nous voilà donc redevenus païens ; nos lycéennes invoquent le petit Dieu Eros. Tout se passe encore dans le secret, en attendant de mieux réussir le culte de la nature qu'à la première Révolution, où le peuple abêti n'était pas mûr pour cette initiation. Mais aujourd'hui nos écoles primaires, de gré ou de force, vont lui inculquer les vrais principes, la lumière scientifique. Les instituteurs, les pédagogues sont prêts ; voici leur catéchisme :

1° Tout Français doit reconnaître que l'Etat par cela qu'il est le représentant de la collectivité est infaillible, est Dieu et il n'y en a pas d'autre. Tout ce qu'il ordonne est donc moral et chaque unité de la collectivité doit s'y soumettre aveuglément. C'est ainsi qu'au Japon, nos émules, dans leurs écoles où on apprend notre morale indépendante, où on tolère tous les dieux, il est de précepte qu'au-dessus de tous les dieux il faut adorer le mikado.

2° Dans la collectivité les plus forts, les plus rusés, dépassant la moyenne des unités, deviennent des *surhommes* et ont droit aux bonnes places, aux grasses sinécures, au commandement enfin. Pauvre petit peuple, pauvres d'esprit, remerciez-les de cette bonté grande, car par leur science, leur haute culture, ils feront avancer le progrès social, dont en fin de compte les ilotes recueilleront plus tard les fruits. Après cette exploitation ignoble il faudra encore dire merci. Quelle ironie ! comme ils sont sûrs d'avoir crétinisé la France.

3° Donc tout à l'Etat. D'abord la terre qu'ils loueront au plus offrant ; à ce jeu les Juifs sont prêts à affermer les départements et le bon laboureur trouvera en eux des maîtres généreux qui vaudront bien mieux que le bourgeois abhorré, puis toutes les richesses : mines, chemins de fer, grands magasins, grandes exploitations, tout enfin en collectivité jusqu'à l'épicerie et la pharmacie. Alors tous employés, salariés, révoqués et mis à la misère, s'ils ne se prosternent devant l'Etat Nabuchodonosor.

Petit peuple lis ton journal, attends le grand

jour où tu seras à ton tour châtelain, ou tout au moins bourgeois oisif, tire les marrons du feu, écoute ton ami Bertrand, ce parfait primipate. Enfin s'ouvre l'ère du progrès et de la félicité.

Adieu, France de Jeanne d'Arc, salut Marianne à la gorge nue, à la ceinture lâche, mais dorée.

Dieu se révèle à l'homme dans la conscience.

De l'étude de la conscience nous avons pu tirer la preuve certaine de nos rapports avec la divinité.

Résumons : l'observation montre que l'auteur de notre raison a mis en germe dans les profondeurs de notre pensée la conviction que nous produisons des actes bons, des actes mauvais, comme il a impressionné notre goût par la douceur et l'amertume. Il semble même que le siège de cette notion est plus intime que la raison, car celle-ci, illusionnée par les passions, trouble souvent cette notion. Elle réside donc à la source de notre être, c'est une science intime de l'âme, *cum scientia*.

L'observation donne, d'une part, la raison, d'autre part, la conscience du bien et du mal, constituées par Dieu pour aller à l'unisson. Mais il y a aussi le penchant au mal qui sollicite la raison à l'erreur, la volonté au mal, et qui a son correctif : 1° dans le remords pour tenir en garde au début la volonté et la raison ; 2° dans la douleur et le malheur institués pour ramener la raison à la vérité, au bien, au repentir en montrant les conséquences du mal. Voilà le drame de l'homme.

L'auteur de la matière a donc donné à l'homme une volonté sollicitée par deux principes opposés, c'est en cela que l'homme se distingue de l'animal et qu'il s'élève au-dessus de l'instinct dont les mobiles ne varient pas. C'est la source de tous nos nobles sentiments comme de tous nos vices. C'est là l'origine de tous les actes humains, l'explication de la conduite de chaque homme, de tous les événements historiques, tout l'homme est là. Voilà des prémices indiscutables ; tous ces faits sont bien dans l'ordre de la nature.

Or, cette distinction du bien et du mal, cette conscience, cette pensée, n'a pu être mise en nous que par l'auteur de notre pensée, puisque ce sont des notions fondamentales ; c'est donc sa volonté que nous pratiquions ce qu'il inspire être le bien, que nous évitions ce qu'il punit par le remords et le malheur. C'est bien Dieu qui nous parle dans notre conscience et ce commerce est de tous les jours, de tous les instants. C'est donc un blasphème que de demander où est Dieu, il nous étreint, ou la conscience est une aberration mentale. Ceux qui veulent chasser Dieu et garder la conscience sont illogiques et le prouvent par leurs actes au moment de l'épreuve. Ils tombent du haut de leur orgueil où ils avaient placé leur vertu aux pieds d'argile.

Dieu a donc voulu que la vie fût un combat. Pourquoi ? Le but du combat est la victoire, et le but de la victoire est la conquête. Qu'avons-nous le droit de conquérir à ce combat de toute la vie ? Nous le pressentons par notre désir, c'est le bonheur ; et l'expérience montre qu'il n'est possible que dans la paix de notre conscience, dans le bien. Nous sommes donc créés pour chercher Dieu qui est le bien et et c'est dans la conscience que nous le trouvons. C'est le mérite des stoïciens d'avoir placé le souverain bien dans la vertu, dans le respect de la conscience. Mais leur connaissance du vrai Dieu était insuffisante pour leur révéler, comme souverain bien, le Dieu d'amour et de miséricorde ; et leur vertu d'ailleurs sans contre-poids n'était qu'une protestation contre la triste destinée de l'homme. Si les Sénèque, les Epictète, les Marc-Aurèle avaient voulu chercher Jésus, dont leurs écrits pressentaient l'aurore, ils auraient dilaté leur âme dans l'amour du souverain bien et dans la béatitude qui en est la conséquence. Ils auraient béni la douleur au lieu de la mépriser. Tout le problème de la vie, de la vérité, était là et ils ne surent que se réfugier dans la mort. Le malheur n'a pu être institué par un Dieu juste que pour avertir où est le mal. Voilà le vrai sens de la douleur dans la nature et s'il existe quelques peines imméritées, Dieu ne peut les donner que pour augmenter le mérite. Ne pas oublier que nous sommes solidaires de nos ancêtres, de notre pays et de la faute originelle. Il faut accepter nos peines comme une épreuve, en ne doutant jamais de la bonté divine, ni de sa justice ; tel fut Job, poème divin de la constance inébranlable dans le malheur et de la soumission à la volonté de Dieu. La volonté de notre créateur dont nous subissons l'impulsion est donc de nous faire conquérir le bonheur, en suivant la voie qu'il nous indique dans la conscience, en combattant le mal. Mais ce bonheur idéal, toujours inassouvi, n'atteint jamais sa perfection dans ce monde. Les chagrins et les maladies, les peines morales surtout, apanage des riches, un bonheur trop fugitif, ont souvent conduit l'homme à douter même de la bonté divine. Car Dieu commande de résister à l'attrait du mal ; en outre, il nous fait désirer un bonheur plus grand que nature. Cet état est faux au point de vue naturel, car nos tendances devraient être toutes légitimes et notre bonheur à notre portée. Dieu l'a institué ainsi pour tous les animaux dont les désirs ne dépassent pas les facultés et qui ne connaissent pas le remords. Dieu ne devrait donc nous faire connaître que le bien, et un bonheur réalisable. Il y a là deux lacunes.

Mais Dieu a mis chez tous les peuples la tradition d'une justice distributive après la mort pour récompenser le bien et parfaire le bonheur. Cette tradition seule peut combler ces lacunes. Elle est forcément vraie ou Dieu n'est plus la perfection : il serait même le mal, ce qui est impossible étant le seul et ne pouvant être à la fois le bien et le mal. Donc Dieu, sous peine de déchoir à nos yeux, a voulu se mettre en rapport avec l'homme dans la conscience pour lui intimer ses commandements et le remettre dans la bonne voie par la douleur. Sa justice nous donne la conviction que la vertu n'est pas suffisamment récompensée dans ce monde et que le remords, la tristesse et l'ennui ne sont pas des peines suffisantes pour les crimes qui n'ont pas été punis dans cette vie par le malheur.

La tradition la plus pure, la plus honnête, la plus conforme à la conscience de nos rapports avec Dieu est celle des Juifs qui, remontant aux premiers âges historiques, a prédit par ses prophètes la venue du Messie, son caractère, sa mission. Jésus remplit toutes ces conditions, affirme que Dieu est son père, et prouve sa divinité par ses miracles, sa Résurrection et son Ascension. Mais, ce qui est bien remarquable, par sa vie, sa mort cruelle, ses préceptes et ses sacrements, il redonne une base inébranlable à la morale, à la notion du bien suprême et porte au monde la paix du cœur que sa religion seule peut donner. La conscience trouve là un appui à toute épreuve : donc la religion du Christ vient de Dieu. Pour atteindre ce but, Jésus a voulu revêtir toutes les douleurs et devenir le modèle à suivre dans la souffrance, à laquelle il donne son vrai sens ; épreuve, expiation, mérite. Jésus est bien divin, car il révèle en Dieu toutes les vertus, toutes les grandes qualités existantes, résumées par l'amour, la miséricorde, le dévouement. La raison ne nous donne que la notion de Dieu, Jésus nous dévoile sa personnalité.

Le bouddhisme et toutes les religions anciennes ont ignoré les sublimes qualités divines, et le paganisme, dans ses stoïciens qu'on nous oppose et qu'on veut donner pour maîtres à la jeunesse matérialiste, les ignorait totalement. C'est le Dieu inconnu ; et, pour tous, le mal est une énigme et le sera toujours pour ceux qui rejettent la doctrine du Christ. Nos modernes matérialistes portent l'infortune de l'humanité à un degré qu'elle n'atteignit jamais ; car si la nature est inconsciente, si elle ne semble nous astreindre à aucun devoir, elle est bien réellement insensible à toutes nos peines.

Que devrait faire l'humanité sous ce ciel d'airain, dans cette nuit profonde sur notre destinée, dans cet enfer où il faut laisser toute espérance ? courir après les richesses et les jouissances ? triste jeu dont l'expérience cruelle se couronnerait logiquement par le rejet de cette vie décevante et mal équilibrée. Mais quel beau tremplin pour les politiciens et les utopistes tous munis d'une recette infaillible pour vendre au peuple le bonheur. Vive le socialisme, vive l'anarchie !

Pauvre conscience que devient-elle dans cette débâcle de tous les principes vrais ? elle est affolée et tout devient une fatalité de nature ; le mal ne consiste plus que dans ce qui porte préjudice à chaque égoïsme. Tous les penchants étant naturels, l'homme doit les contenter avec cette modération qui en double le plaisir et permet l'état social par un bienveillant altruisme. Montons tous au mât de cocagne, car en cela consiste l'égalité : vous, peuple, qui manquez d'adresse, admirez-nous. Mais la conscience d'un peuple ne meurt jamais, il lui reste toujours le sentiment du juste et de l'injuste ; quand on veut l'étouffer elle mord.

L'homme double

Pour essayer de trouver la paix, le matérialisme est donc obligé de détruire la conscience et le remords ; sa philosophie s'est mise à la tâche. Voici une solution assez en faveur : Elle est basée sur un état de maladie mentale qui consiste à se croire par moment être une autre personne.

Dieu, l'auteur du bien, le démon, le tentateur, n'existent pas, c'est entendu ; ce dernier surtout fait sourire le savant qui, cependant, se pique de ne se diriger que par l'observation. Alors où aller puiser les principes du bien et du mal ? Ces deux solliciteurs intimes provoquent bien réellement deux tendances opposées du moi, comment les expliquer ? C'est bien simple ; il n'y a qu'à tenir compte, en effet, des deux tendances opposées et à *dédoubler la personnalité* pour faire des deux impulsions opposées un état naturel du moi, l'effet d'une double constitution normale, d'une fatalité de nature qui vient heureusement détruire la responsabilité. Le moi veut ainsi par un élan le bien et par l'autre le mal. Il y a deux instincts ; l'homme peut ainsi, sans heurter la conscience, obéir tantôt à l'impulsion du bien, tantôt à l'impulsion du mal, sans sortir de l'état instinctif et irresponsable.

Saint Paul, en faisant le mal qu'il détestait sans pouvoir faire le bien qu'il aimait, avait simplement un double plus fort que l'autre. Il avait bien tort de de se tourmenter, le pauvre homme.

Pour soutenir cette thèse, on se déclare le jouet de toutes les influences qui entourent la conscience que nous avons déjà énumérées et résumées par l'influence du milieu de l'entourage et par celle des ancêtres, dût-on remonter jusqu'à l'homme des cavernes. Dans ce dédoublement de la volonté et dans ces causes si nombreuses qui l'assiègent, la personnalité enfin ne devient-elle pas confuse? Suis-je bien moi, une unité ! Ne suis-je pas simplement le tabernacle d'une série de phénomènes de la nature ? Je fus avant moi dans mes prédécesseurs, comme je persisterai après moi dans mes œuvres et mes descendants : ce n'est plus moi qui vis, c'est la nature qui vit en moi. L'action de l'homme n'est plus qu'un phénomène, un agent, un accident parmi les milliers de phénomènes que la nature produit dans le cours des siècles. Tous les actes deviennent ainsi inconscients et le remords n'est plus qu'une aberration de l'esprit, dont il faut se garer. S'il y a encore des crimes, il n'y a plus de criminels ; et si la série des phénomènes de notre prochain nous gêne, nous avons le droit de les supprimer. C'est bien là le code franc-maçonnique, perfectionné par les Swetchiens et les surhommes dont l'énergie, comme celle de la force, a le droit de se faire place, même par le crime.

Quoi qu'en disent les matérialistes, le remords est un fait physiologique et le dédoublement un fait pathologique ; c'est une forme de l'aliénation mentale, que l'on rencontre entre autres, chez les hystériques qui abusent de la morphine, et le dédoublement n'existe jamais chez l'homme sain. Mais il fallait profiter d'un état maladif pour revenir à l'instinct, à la nature, par le sophisme, apanage des philosophes anti-chrétiens.

Ne pouvant détruire les deux tendances : celles du bien, celles du mal, celles de l'esprit, celles de la chair, qui sont des faits d'observation évidents comme le soleil, il fallait cependant détruire la conscience en méconnaissant l'origine de ce double attrait de ces deux excitateurs du désir. Mais il n'est pas possible de faire l'analyse de l'âme sans constater que ces deux tentateurs, opposés, constants, sont extérieurs à notre moi sous peine de confondre la cause avec l'effet. Ce ne sont pas des fantômes, des abstractions de notre raison ; ils sont bien réels, bien agissants, bien personnels. Ils sont esprits, car ils conseillent, éclairent, illusionnent, séduisent, entraînent et finalement nous conduisent par l'assentiment de notre volonté au bien ou au mal et à leurs conséquences le bonheur ou le malheur.

L'un ne peut dériver que de l'auteur de notre âme, de Dieu; l'autre de son contraire, l'esprit de ténèbres dont il a permis l'existence et l'action sur l'homme pour qu'il y eût délibération, décision, combat, victoire, mérite et récompense.

Mais alors! Dieu et le démon pénètrent notre âme? C'est ce qu'il ne faut pas, à tout prix, sous peine de perdre l'indépendance.

Ce sera toujours le grand problème de la vie : si la conscience est un fait, si elle existe, Dieu est en nous, nous impose ses commandements et l'esprit du mal nous en détourne.

Les deux principes du bien et du mal sont bien personnels, distincts de la pensée et du principe vital. La pensée est faite pour voir le bien, la vérité, comme l'œil est fait pour voir la lumière ; mais encore faut-il que la lumière existe et faut-il que le principe du bien soit en nous. D'autre part, le principe vital ne peut être pris pour le principe du mal, car il avertit de ses conséquences néfastes sur les organes et emploie tous ses moyens pour y remédier. Ce n'est pas qu'il soit sourd aux appels de la volonté, quand elle commande des actes contraires à sa nature. Hélas! il est esclave de notre raison et obligé d'obéir aux ordres les plus insensés. Je veux absorber le poison du tabac. Soit; mon esclave avant d'obéir m'avertit que je fais mal par la nausée et même par le trouble de l'appareil cérébral des images sensationnelles, par l'hallucination. Je réitère l'ordre et il se tait, il porte même la condescendance jusqu'à régler l'appareil cérébral au degré nécessaire pour que l'excitation se maintienne dans des limites où le plaisir sera satisfait, dût-il périr à la peine.

Dieu n'a donné qu'à l'homme le pouvoir d'abuser de son corps ; on ne grise jamais deux fois le singe le plus alléché, c'est constaté par Darwin. Cette puissance de l'homme d'abuser est une preuve du libre arbitre ; elle est donnée à l'homme seul, hélas ! et quand il s'y adonne, il en est puni par l'habitude ; c'est-à-dire la réaction du principe vital dévoyé qui, à son tour, étant arrivé à partager l'attrait de la sensation, la rappelle à l'attention de la volonté. Mais il n'y a jamais deux volontés, deux personnalités. Saint Paul reconnaît bien qu'il est responsable quand il succombe à l'attrait de ce corps de mort que l'habitude avait dévoyé peut-être dans sa jeunesse. Il est un fait d'observation, c'est qu'un prêtre vierge dès sa jeunesse supporte bien la chasteté ; dans le cas contraire, il est quelquefois appelé à de rudes combats. La répétition de l'acte, l'habitude, rend le devoir plus facile, c'est une récompense :

il est juste qu'elle donne plus de prise au principe du mal.

Mais la raison est toujours souveraine, dans le bon sens du mot ; et aujourd'hui pour complaire aux passions, on l'attaque dans sa liberté, sa responsabilité, son unité. Ce n'est que la faute de sa lâcheté si elle s'abandonne.

Les psychologues de bonne foi ne se retrouvent plus dans les complications produites par l'influence réciproque du physique et du moral, du principe vital et de la pensée, des passions et de la volonté. Quand le docteur Granet, professeur à Montpellier, décrit, avec une figure à l'appui, un psychisme supérieur et un psychisme inférieur, pour expliquer les pensées conscientes et subconscientes, est-il sûr qu'il ne soutient pas la thèse de l'homme double ; de même quand il veut expliquer le rêve, le somnambulisme, l'hallucination. Il faut se cramponner à l'évidence du moi unique, de l'essence personnelle pensante que la licence des mœurs et l'orgueil veulent détruire. Il y a encore bien des choses à expliquer dans l'étude de l'âme, mais pour la subconscience, comme le nom l'indique, ne peut-on admettre que, dans le demi-sommeil, dans un demi-réveil, notre pensée peut travailler en présence de l'appareil des images sensationnelles, d'une manière incohérente dans l'hallucination, plus ou moins lucide dans le rêve et même très lucide dans le somnambulisme, étant excitée, dans ce dernier cas, par l'idée fixe, insensible à toute autre émotion. Il faut se réserver, jusqu'à preuves certaines, sur toutes ces questions, même sur l'hypnotisme qui, jusqu'ici, est non seulement stérile, mais même malfaisant jusqu'à la folie.

La grande preuve de la personnalité sera toujours le malheur qui punit l'infraction à la loi du bien. Que ne donnerait-on pas alors pour se décharger de ce poids sur son double, même sur son subconscient et espérer que ce n'est qu'un rêve. La douleur, à son tour, nous prouve que nous ne faisons qu'un dans cette vie avec notre principe de vie.

Providence générale du monde

Prévoyance

Prouvons d'abord la prévoyance de l'ouvrier suprême que les matérialistes contestent et prenons pour exemple la construction de la charpente osseuse. Cette charpente pour soutenir le corps doit être solide et résistante. Mais pour le déplacement, le transport, elle a l'inconvénient d'être lourde. L'art de l'architecte est de la rendre aussi légère que possible sans diminuer sa solidité.

Chez les oiseaux l'air des poumons chauffé par le sang à 44 degrés communique avec des poches qui peuvent se dilater à volonté et avec les os qui sont creux. Ces cavités, comme le ballon soulevé par de l'air chaud, permettent à l'oiseau d'alléger son vol et cela d'autant plus qu'il s'élève dans un air plus froid. L'Apterix de la Nouvelle-Zélande n'a pas ces communications. Il n'en avait pas besoin, car il n'a que des ailes rudimentaires, il n'est pas fait pour le vol, mais, comme les mammifères terrestres, il a les os des membres creux dans leur longueur. Ceux-ci, devant supporter le poids du corps sont ainsi plus légers et aussi solides. Car on sait qu'une colonne de fonte creuse est, à pression égale, aussi résis tante qu'une colonne pleine ; il y a donc économie de matière et plus de légèreté. Mais les jointures sont spongieuses pour amortir les chocs.

Les os de la baleine sont remplis de graisse ainsi que tout le corps, ce qui est le meilleur isolant pour s'opposer à la perte énorme de calorique que produit le contact de l'eau chez les animaux à sang chaud ; de plus la graisse diminue beaucoup le poids du corps dans l'eau par sa légèreté spécifique.

Méditez ! Quelle connaissance des lois de la physique et de la mécanique ! Savants, qui ne voulez pas que Dieu soit un savant, mais un instincti imprévoyant obligé par le milieu ambiant à secouer sa torpeur, expliquez par quel procédé, pour alléger le poids du corps l'air a obligé l'oiseau, la terre a obligé l'homme, la mer a obligé la baleine à se créer des appareils aussi ingénieux. C'est le milieu qui est vaincu et c'est le milieu dont vous faites la souveraine puissance.

Le Chameau. — Pour un herbivore là où il n'y a ni eau ni végétal la vie est impossible ; c'est le cas au Sahara. Il n'y a pas d'animal que l'instinct puisse pousser à y vivre. Le milieu y est constamment réfractaire. Il est vrai qu'il y a des entêtés : témoins ces poissons qui ont eu, aux premiers âges, le besoin inconcevable de fuir leur élément pour se faire oiseaux ; envie qui ne s'est pas renouvelée car les poissons volants de nos jours ne se transforment plus. Quelles fables absurdes pour éviter la création. Encore ici le plan universel de l'anatomie des êtres s'y prête un peu : la nageoire, l'aile, le bras sont créés sur le même modèle pour répondre à la même fonction.

Mais nous mettons au défi d'expliquer par le transformisme et l'action du milieu les admirables aptitudes du chameau pour vaincre le désert, ses sables aveuglants, suffoquants.

Voici une simple note prise dans l'ouvrage de L. Figuier : *Les Mammifères :*

« La panse du chameau est partagée en deux poches distinctes dont l'une présente des cellules cubiques, constituant par leur ensemble une sorte de réservoir. On y trouve toujours de l'eau, en sorte qu'on croit à une sécrétion.

« La bosse est graisseuse, se vide dans le voyage

et ainsi le chameau peut attendre une abondante nourriture.

« Les yeux sont protégés par une double paupière, les narines en fente se ferment à volonté. »

Le Touareg est obligé de se protéger contre les sables avec un masque et Dieu protège naturellement les yeux et les narines de ce compagnon qu'il n'a pu créer que pour l'usage de l'homme. Car il ne viendra jamais l'idée à un chameau d'aller vivre dans le désert privé d'eau et où sa langue ne trouve que quelques rares épines.

Dieu a donné en plus à l'homme le bœuf aux jambes trapues pour la force, le cheval aux jambes élancées pour la vitesse. Ces animaux domestiques furent-ils mis dans l'arche et primitivement donnés à l'homme par le Père tutélaire? Cette explication serait plus belle que les rapsodies évolutionnistes.

Partout se révèle l'intelligence, la prévoyance, l'*intention* dans l'unité de plan et d'action ; et c'est un bonheur toujours nouveau pour le savant d'en découvrir de nouvelles preuves, d'en rapporter la gloire à Dieu. De ce que l'ignorance a inventé des causes finales fausses ou puériles cela ne prouve pas qu'elles n'existent pas.

Une loi générale peut laisser croire à la fatalité, mais quand elle est éludée elle révèle l'habileté et la volonté.

La loi générale est que le pollen de la fleur mouillée ne féconde pas. Aussi les renoncules aquatiques viennent fleurir à la surface de l'eau, ayant les deux sexes dans la même corolle. Seulement pour prouver que le fait n'est pas une influence du milieu, mais exécuté par la volonté d'un être intelligent, des espèces fleurissent au fond de l'eau, et sont fécondées dans le bouton floral bien clos ce qui empêche le pollen de se mouiller.

A côté la Vallisnérie a les sexes séparés. Un pied produit la corolle mâle, un autre la corolle femelle. Celle-ci monte sa tige jusqu'à la surface de l'eau; l'autre se détache et vogue à la surface, portant le noble Vénitien qui va rejoindre la gondole de sa belle. L'hymen consommé, la Vallisnérie enroule sa tige en spirale et rentre au domicile.

Pourquoi n'avoir pas réuni, comme dans les renoncules, les deux sexes dans la même corolle? Pourquoi! obstinés incrédules. Pour bien prouver la personnalité, l'action intelligente et volontaire de celui que vous méconnaissez de parti pris.

M. le professeur R. Blanchard, qui a bien voulu me renseigner sur les renoncules aquatiques, ajoute le fait bien remarquable d'une simulie adulte, née d'une pulpe enfouie sous les eaux et remontant englobée dans une bulle gazeuse qui crève au moment où elle arrive à la surface pour prendre son vol.

Il y a dans le dictionnaire de Dorbigny, à l'article « Utriculaires », l'observation faite par de Candolle d'une de ces plantes marécageuses dont les petits utricules sont arrondis et munis d'une espèce d'opercule mobile. Dans la jeunesse de la plante, ces utricules sont pleins d'un mucus plus pesant que l'eau et la plante retenue par ce lest reste au fond. A l'époque qui approche de la floraison, la racine sécrète de l'air qui entre dans les utricules et chasse le mucus en soulevant l'opercule. La plante, munie alors d'une foule de vessies aériennes, se soulève lentement, flotte ; la floraison se fait ainsi à l'air libre. Puis nouvelle sécrétion de mucus qui remplace l'air dans les utricules ; la plante pesante revient au fond de l'eau où la graine germera sur place.

Tous ces faits dénotent bien une cause intentionnelle et prévoyante qui domine la nature ; unifiée par la science cette cause s'appelle Dieu et elle ne peut se désintéresser de l'homme à qui elle dévoile ainsi la beauté de ses œuvres.

Vous ne croyez pas en Dieu ? Tenez ; regardez-bien, voici sa signature, sur une simple aile de papillon. Vous vous ingéniez à ne voir qu'une influence du milieu dans le mimétisme, qui consiste dans la ressemblance de couleur, de forme, que certains animaux prennent avec leur entourage. C'est certainement un fait de protection. La perdrix grise comme les granits des Pyrénées, en butte aux rapaces, devient blanche à la saison des neiges.

Mais voici un papillon, le Kallima, qui, au repos, sur une branche d'arbre, les quatre ailes redressées, ressemble à s'y méprendre à une feuille, avec sa couleur et ses nervures. Les nervures d'une feuille partent du pédicule pour se ramifier en portant la sève à toutes les cellules ; de même les nervures d'une aile de papillon partent, pour le même motif, des canaux de son attache pour répandre le plasma nourricier sur toutes ces belles écailles microscopiques qui constituent une aile de papillon : voilà la disposition naturelle des nervures et leur utilité. Mais examinez attentivement le Kallima au repos, les nervures de la feuille peinte ne partent pas de la racine des ailes ; les ailes postérieures prolongées en pointe touchent la branche par leur extrémité, et c'est cette pointe qui simule le pédicule de la feuille d'où les nervures s'étalent et se ramifient transversalement en se continuant sans interruption sur l'aile antérieure pour former avec les deux ailes le dessin d'une seule feuille portée transversalement sur le corps de l'animal.

Allons, vous qui savez tout, donnez une explication naturelle à ce phénomène. Vous vous en gardez bien ; et dans vos revues, quand vous citez ce fait de mimétisme, que vous le dessinez même, vous éludez, comme Darwin, lui-même, ce détail renversant. Mais vous affirmez faussement au nom de la science, l'éternité de la matière et la renaissance des mondes. Vous aurez du succès, la secte vous bénit.

Le mimétisme est un fait providentiel pour défendre les espèces faibles dans la lutte pour l'existence où aucune ne périt, contrairement à la théorie en faveur sur l'origine des espèces.

Pendant notre séjour, comme interne, à l'hôpital Saint-Louis, le docteur Fournier pourra s'en souvenir, nous eûmes l'occasion d'étudier un caméléon qui, de ses mouvements lents, mettait une demi-heure à grimper sur un arbuste ; et là, pendant des heures entières, la tête et le corps immobiles, il attendait le passage d'une mouche qu'il happait au vol, en l'engluant à l'extrémité de sa longue langue en entonnoir.

En quelques minutes son corps prenait la teinte verte ou jaune ou rougeâtre du feuillage qui l'entourait, si bien qu'il fallait regarder longtemps pour trouver la place qu'il occupait ; et finalement nous le perdîmes malgré les plus persistantes recherches.

S'il avait été condamné à conserver sa livrée, les mouches se seraient méfiées, auraient passé au large. Inhabile à tout mouvement, il serait mort de faim. Mais par pitié, Celui qui l'inventa dans son infirmité, lui donna encore la facilité de regarder dans tous les sens à la fois, en dissociant les deux yeux pour lui permettre de mieux voir venir la proie. Les deux nerfs optiques ne se croisent pas en entrant dans le cerveau.

Une Réflexion

L'homme, depuis le sauvage jusqu'à la femme la plus civilisée, a, de tout temps, aimé à se parer avec des plumes aux vives couleurs; c'est donc un instinct bien naturel. Heureusement que ce sont les mâles qui les portent et qu'un seul peut féconder un grand nombre de femelles. Autrement les plus belles espèces seraient détruites par l'homme. Les oiseaux de Paradis n'existeraient plus. Celui qui met cet instinct chez l'homme insatiable en a certainement prévu les excès et s'est mis en garde pour sauver ses œuvres.

Problème

Etant donné que les oiseaux, pour dormir, doivent percher sur les arbres, quel moyen employer pour les empêcher de tomber pendant le relâchement du sommeil ?

La solution est d'une grande simplicité, comme toutes les belles inventions. Mais il fallait la trouver.

Avant de mettre la volaille à la broche, demandez à la cuisinière de vous la montrer et de lui faire prendre sur votre doigt la position accroupie ; vous sentirez les doigts de la bête se contracter mécaniquement. En sorte que le volatile n'a qu'à s'accroupir pour que le poids du corps le maintienne solidement sur la branche.

Si vous êtes curieux, disséquez la patte et vous trouverez le prodige.

Cet été j'ai pu étudier les mœurs d'une plante carnivore.

C'est un gouet à la tige zébrée comme la peau du serpent, à la spathe énorme, couleur de chair livide, à l'odeur de charogne. La grosse mouche à viande, plus experte, se méfiait ; mais les mouches domestiques abondaient ; se posaient sur ce simulacre de tranche de viande de boucherie faisandée. Puis, comme étourdies, elles glissaient sur ce plan incliné et tombaient dans le godet de la spathe d'où elles ne pouvaient plus sortir, malgré la violente impression du danger qu'elles couraient et qui les faisait tournoyer dans cet enfer du Dante, avec un bourdonnement lugubre. Peu à peu elles disparaissaient comme les grains de café broyés par un petit moulin de ménage.

Au bout de quelques jours l'odeur devint moins repoussante ; les mouches disparurent et, à leur place, survinrent pédestrement une quinzaine de petits coléoptères que je n'avais jamais vu. La plante avait changé de menu.

Si Celui qui, se jouant en inventant cette plante, n'a pas fait preuve d'intelligence, de préméditation et de volonté dans l'exécution, mon cher savant, que sommes-nous nous-mêmes. Ce n'est plus au singe qu'il faudrait nous comparer, c'est au superbe cantaloup.

Providence

Pour le matérialiste pas de Providence. Il n'admet pas que le Grand Ouvrier, après avoir créé le monde et l'homme, ait continué à s'en occuper. Comme l'autruche il a pondu dans le désert et il a chargé le soleil de continuer son œuvre. C'est simplement l'orgueil qui veut chasser de la conscience un Dieu intelligent, capable de lui intimer ses commandements. Il y a, quoi qu'on en dise, une providence générale du monde et une providence particulière à chaque homme.

Pour peu qu'on réfléchisse à ce que peut être une puissance sans limites, il n'est pas possible de douter que cette essence immatérielle ne remplisse le monde et ne palpite dans chaque conscience.

Mais pour chasser Dieu de la conscience il faut le chasser du monde et déclarer que l'énergie seule existe, ce qui est impossible, nous l'avons prouvé : ou bien il faut dire que Dieu, après avoir lancé le monde dans l'espace, ne s'en occupe plus. Cette pensée le dégrade, car pour abandonner une œuvre après y avoir porté ses soins, il faut qu'elle soit défectueuse ou que l'auteur l'oublie et la méprise. L'un et l'autre cas affaiblit l'idée des perfections divines. Dieu ne peut être inconscient ni leurrer notre conscience.

Qu'enseigne l'observation ? D'abord il y a un fait général, c'est que tout dans la nature est sujet au changement ; et cependant la science montre que le monde persiste dans des formes et des lois constantes : les astres se refroidissent en perdant leur énergie dans l'espace, à la suite des siècles. Chaque être vivant va à la destruction et la vie ne peut être perpétuée dans les espèces que par des créations nouvelles ; l'existence même des êtres organisés n'est possible que par une création constante de nouvelles cellules. Cela peut-il se perpétuer sans l'œil du maître ?

Les œuvres des hommes périssent dans un temps plus ou moins long : ses habitations, ses monuments, ses créations dans les arts, ses machines, ses vaisseaux, son mobilier, ses vêtements ; tout en résumé à une fin. Il semble même qu'un génie infernal s'y acharne ; la rouille, les vers, les insectes, les éléments, tout conjure contre l'homme et le condamne à un travail incessant, pour lui prouver que rien ne persiste sans des soins intelligents et continus. Rien de perpétuel n'existe nulle part, rien dans la nature ne se conserve intact par sa propre puissance. La tendance de la matière est la destruction et le repos. Le matérialiste n'a donc pas le droit d'affirmer une chose contraire à l'observation. Le fait est indéniable, il y a une cause de destruction qui embrasse toutes les œuvres de la nature : les astres, sans la force centrifuge opposée à l'attraction de la matière par une main inconnue, brûleraient tous leurs satellites. Le calorique accumulé à l'origine dans les atomes de la matière se perdrait en peu de temps dans l'espace, suivant sa tendance naturelle, si une main prévoyante et intelligente ne le condamnait à persister dans les corps sous la forme de calorique latent jusqu'à ce qu'une autre combinaison chimique prévue l'en dégage partiellement, pour renouveler la dépense à chaque combinaison nouvelle, jusqu'aux plus stables et un état glacé égal à celui de l'espace. La vie aurait cessé du premier coup par la destruction de chaque être, si la prévoyance divine ne la faisait renouveler chaque fois par le germe pour la perpétuer.

Pourquoi cette nécessité, pourquoi cette lutte entre la vie et la mort, ce renouvellement perpétuel de l'œuvre du créateur ? N'est-ce pas pour prouver sa présence, sa providence constante et ininterrompue. Si les astres continuent à obéir aux lois des corps, si toutes les règles qui président à l'action vitale ne changent jamais et permettent de prévoir les mêmes effets au contact des mêmes causes, c'est que les lois du monde sont constamment maintenues par la volonté divine en face de toutes les causes de perturbation et de destruction qu'il a voulues aussi puisqu'il est le seul ouvrier. S'il a voulu la lutte de forces contraires dans une œuvre immuable, c'est qu'il a voulu prouver sa puissance persistante et souveraine. Il ne permet même pas qu'on transforme ses espèces qu'il a créées mâles et femelles.

Nous savons que nos lois humaines ne se maintiennent que par une force coercitive et nous voudrions que le monde pût persister tout seul en face des causes qui tendent à détruire la vie et la nature tout entière.

La persistance des lois auxquelles obéit le monde, sa conservation malgré tous les causes de désordre et de destruction prouvent donc la persistance effective de son auteur.

L'idée de providence découle de l'idée d'ordre et du principe de la moindre action : c'est l'observation scientifique qui démontre ces deux faits dans tous les phénomènes de la nature. En effet, l'ordre est partout et se démontre par les lois astronomiques, physiques, chimiques et mécaniques.

Mais ce que la mécanique a démontré dans ces derniers temps c'est que le principe de la moindre action passe à l'état d'axiome pour guider la science dans toutes ses explorations. Car les forces en action emploient toujours le procédé le plus économique. L'application de cet axiome a fait faire des progrès énormes à la science.

Il ne faut pas croire que ce soit toujours le moyen le plus direct. Ainsi M. de Lapparent montre comment les fleuves au lieu de chercher le chemin le plus court pour aboutir à l'océan en suivant les lois de la pesanteur ont la tendance à produire des courbes pour diminuer la rapidité de la pente, ravageant ainsi le moins possible les rivages, les fertilisant au contraire, par l'apport du limon.

Le fait se démontre actuellement sur la Garonne à Malauze, en amont de Valence-d'Agen. A cet endroit le fleuve faisait un grand cercle presque fermé où le courant était très doux. On a eu l'idée de lui supprimer la courbe, en lui creusant un lit direct et gagner ainsi à l'agriculture des terrains considérables. Résultat, que les ingénieurs de la navigation devaient au moins prévoir, un rapide très pénible pour la navigation, puis des travaux constants très coûteux d'empierrement et de défense du côté de l'ancienne courbe que le fleuve tend toujours à reproduire en rongeant sa rive. On voit à quel résultat on arriverait si on voulait combler les courbes de la Seine qui environnent Paris.

Si le principe d'ordre conduit à des lois et les lois à la nécessité du législateur, le principe de la moindre action indique à son tour un principe de direction : or, il n'y a qu'une cause intelligente volontaire qui soit capable de direction, de coordination et qui puisse d'autre part diriger les phénomènes de la nature en dehors des règles qui canalisent leur action. La cause du monde est donc providentielle, elle agit sur la nature comme le fait la raison humaine ; ce qui légitime la genèse ou Dieu fait l'homme à son image.

Ainsi, lorsque l'homme crée des produits qui ne se trouvent pas dans la nature brute, il ne faut pas conclure qu'elle serait capable de les produire.

Quand l'homme fait du sucre sans l'intervention de la force vitale, avec de l'aldéhide formique qu'il a retiré lui-même directement du carbone et de l'eau, c'est son intelligence qui a imité celle qui a soufflé sur la vie. Mais l'entêtement des savants à vouloir faire dériver la vie du minéral, leur fait toujours commettre ce sophisme que ce que l'homme est capable de faire, la matière inintelligente et asservie le ferait.

Si parmi les plantes et les animaux il se produit naturellement des variétés très rares par accommodation à des milieux nouveaux, lesquelles n'altèrent jamais les types primitifs, il ne s'ensuit pas que la nature serait capable de multiplier par elle-même les variétés de races et de plantes que produit la sagacité de l'homme. Supposons le cas invraisemblable où le savant ferait une cellule vivante, cela ne voudrait pas dire que le minéral la fait. Dieu certainement a donné au germe cette grande élasticité d'action, uniquement pour le bien de l'homme, lequel, de tous les animaux est seul capable d'inventer les procédés qui font dévier ainsi les forces créatrices. Mais conclure au transformisme de ce que l'homme modifie les plantes et les animaux par son génie propre c'est un sophisme. Il y a d'ailleurs des limites à son action, limites qui caractérisent les véritables espèces. Ainsi il n'a pu créer aucune variété durable entre le cheval et l'âne, entre le loup, le chien, le renard et le chacal. Les plantes cultivées ont une tendance constante à la stérilité ou à leur état de nature.

De même quand vous surprenez dans la nature des nouveautés ou des dérogations aux règles établies, cherchez un but providentiel.

M. Picard, page 280, relève pour certaines plantes, aux pôles, la faculté de mieux résister aux intempéries et aux causes de destruction par le fait que celles qui sont annuelles deviennent bisannuelles et les bisannuelles vivaces.

L'inconscience, le fatalisme et le hasard n'existent nulle part comme action efficace. Le jeu lui-même est soumis à des lois qui ramènent la même combinaison après un certain nombre de fois.

Providence particulière à chaque homme

Nous avons insisté beaucoup sur ce fait d'observation que la pratique du bien conduit au bonheur, celle du mal au malheur, même dans cette vie. C'est que l'expérience d'un demi-siècle sur nos camarades, nos amis, nos compatriotes dont les secrets de l'âme sont si difficilement cachés au médecin, nous ont amené à cette conclusion; qui est d'ailleurs un fait vulgaire pour qui veut regarder et observer. Mais on ferme volontairement les yeux et on oublie vite.

La bonne conduite, la droiture, l'observation du devoir, sincèrement et constamment voulue, le choix d'une profession basée sur les aptitudes et non sur l'espoir de gagner vite beaucoup d'argent, le mariage dirigé par l'inclination du cœur et les qualités de la femme, voilà ce que nous avons toujours vu mener au modeste et honnête succès, à la considération et au bonheur du foyer, le seul vrai. Les deux époques décisives de la vie dépendent du choix d'une profession et d'une femme. Quand on s'abandonne à la providence et qu'on ne veut pas forcer la fortune par compétition, ruse, fraude, injustice, ambition disproportionnée au mérite, on est étonné de la facilité avec laquelle le bien arrive de lui-même et quelquefois avec une sollicitude providentielle telle que le meilleur des pères n'aurait pu mieux faire. Il faut savoir attendre et borner ses désirs. Celui qui revêt le lys et nourrit le passereau est bien toujours aussi celui qui veille sur l'homme.

Tandis que chez les fils de familles riches, chez les oisifs, nous n'avons vu que vanité et infortune domestique ; pas un dont le sort ait été enviable ; ce n'est pas de la déclamation, c'est de l'observation. Que d'infortunes, que de ruines, que de déshonneurs, que de suicides nous avons vu, dans notre ville, terminer une vie contraire à la loi de Dieu. Pour caractériser une maladie on groupe un grand nombre d'observations avec les détails les plus circonstanciés. Il serait plus utile de le faire pour les maladies morales, mais on est arrêté par la crainte du scandale et cependant quel bien, quelle conviction en résulterait pour reconnaître la justice divine.

Notre devoir est cependant de citer trois faits où la richesse et une position sociale enviable n'ont pas empêché des malheureux dégoûtés de la vie de se laisser mourir littéralement de faim en finissant par refuser toute nourriture. Il n'y a pas que des pauvres qui meurent de faim.

L'un égoïste et avare fut frappé d'apoplexie. Il aurait pu vivre encore paralytique, mais il en avait assez de la vie, de l'amertume et des déboires de sa vieillesse. Il avait conservé sa connaissance et ne voulut accepter aucune nourriture. Dans cet état il se préoccupait encore de son or, de cet or qui pour le riche est souvent le Dieu suprême, le suprême amour. Sa femme était morte de douleur par suite de la mort subite d'un fils qui promettait de bonnes qualités ; et du chagrin que lui causaient son mari et son fils aîné joueur et débauché, mort ensuite ruiné et déshonoré. Que de pleurs ruissellent sur les murs des somptueuses demeures.

Le second avare et sensuel sauta par la fenêtre à l'arrivée du mari qui voulait exploiter le flagrant délit. Il savait bien qu'il ne risquait que son or, mais il tenait plus apparamment à son or qu'à la vie ; il sauta de haut. Depuis devenu maladif, il se laissa mourir le jour où on lui apportait les derniers meubles d'un bel hôtel qu'il venait de se faire construire, espérant vainement se distraire. Combien sa vie eût été différente s'il se fût corrigé après sa chute, et s'il eût consacré cette fortune à chercher les misérables et à les soulager. C'est là qu'il aurait trouvé la joie et une jeunesse de sentiments délicieux.

Citons enfin une fille naturelle âgée de quarante ans, reconnue et élevée, par son vieux père égoïste, dans le scepticisme du siècle. Très instruite, bien de sa personne, distinguée même, elle était atteinte d'une tumeur qui pouvait augmenter ses penchants sexuels. Ne croyant pas en Dieu, elle chercha à nouer une liaison avec un jeune homme marié. L'insuccès l'amena au dégoût de toutes choses, sans cependant s'être livrée au libertinage. Mais paix à son âme qui ne l'eut jamais dans cette vie. Pauvres qui enviez les riches, ce sont eux qui jalousent votre santé et la saveur que Dieu donne à vos frugales jouissances.

Le grand bienfait du catholicisme est d'avoir consigné par écrit, depuis Moïse, la tradition de la bonté paternelle et providentielle de la cause du monde pour toutes ses créatures et, à notre connaissance, pour cet être microscopique, l'homme, si grand par la pensée ! N'embrasse-t-il pas du regard tous les rouages de l'immense machine où se déroule l'œuvre colossale du Grand Esprit, de la Grande Intelligence qui nous impose l'admiration et excite en nous le désir de le connaître.

Le paganisme a eu un reflet dégradé des qualités divines en les émiettant, en les humanisant. Jupiter paternel était un des noms sous lesquels on invoquait le maître des dieux.

C'est le caractère des races indo-européennes et

sémitiques qui s'étendirent sur notre Occident, dont le père commun dut recevoir la parole divine, Abel, Seth. Mais la race de Caïn tournant à l'Orient, maudite dès l'origine, épargnée, en partie, peut-être, par le déluge, qui n'avait à punir que le peuple élu, perdit complètement la notion divine, sous la domination du Prince de ce monde ; puisque les antiques Chinois, puisque les Bouddhistes ne connaissent que la fatalité de l'inconsciente nature ; les vains esprits, l'horrible et le grotesque qui en représentent les images : leur langue sans idéal en fut la conséquence (1).

Donc l'effort constant de l'Esprit du mal est de faire perdre la notion du Dieu paternel ; de pousser la race élue à nier les qualités divines et les conséquences qu'en impose la constatation ; à refuser toute dépendance ; à la révolte, à la révolution ; et à tomber comme lui dans la fatalité.

Son œuvre déicide a commencé, pour nous, à la Réforme ; et pour terminer l'énumération des causes actuelles qui faussent la conscience et qui nous précipitent dans l'athéisme, il faut dire quelques mots du jansénisme, fils du protestantisme et dégénérescence du catholicisme.

Prédestination

Un motif fourni bien malgré lui par le catholicisme

1. Voir pour l'origine de la parole, les trois groupes de langue, p. 159, t. I, ch. II. P. Gratry : *Connaissance de l'Ame.*

pour plaider l'irresponsabilité, c'est la Prédestination mal comprise, mal interprétée. Cette nouvelle forme de fatalisme a fait le principal succès du Protestantisme et du Jansénisme en diminuant la responsabilité. Une citation de saint Augustin mettra en lumière cette question et le vrai sens du libre arbitre.

Saint Augustin ayant à combattre Pélage qui soutenait la liberté absolue de l'homme sans l'aide divine, fut obligé souvent de forcer ses arguments. Aussi les Protestants et les Jansénistes en ont-ils abusé au point de laisser croire que saint Augustin professait la prédestination absolue. Voici un passage qui prouve le contraire. Il est tiré d'une traduction publiée chez Mercier en 1745 sous le titre de Soliloques, Méditations et Manuel de Saint Augustin d'après l'édition latine des R. P. de la Congrégation de Saint-Maur avec notes (sous-entendues Jansénistes).

Manuel de saint Augustin, ch. XXV

Qu'il n'y a que le souverain Bien qui puisse rendre l'âme heureuse : Tant que le cœur humain n'est point fixé dans le désir de l'éternité, il ne peut être stable : il est plus inconstant que les choses du monde les plus sujettes à changer : il passe successivement d'une chose à une autre cherchant le repos là où il n'y en a point ; et pourrait-il en trouver de véritable en des choses périssables qui ne font que tenir son cœur dans l'esclavage, lui qui de sa nature est quelque chose de si noble, de si grand qu'aucun autre bien que le bien souverain ne le peut contenter et qui est tellement libre que *rien ne peut, malgré lui, lui faire perdre sa liberté. Ainsi la volonté des hommes est la cause de leur perte ou de leur salut* (1re note). *On ne peut donc rien offrir à Dieu de plus digne de lui qu'une bonne volonté* ; c'est ce qui *attire* Dieu vers nous (2e note) et qui nous porte vers Dieu : que nous le préférons à tout, que nous courons vers lui ; et que nous parvenons enfin à le posséder. Qu'heureuse est cette volonté qui nous rend conformes et en quelque manière semblables à Dieu ! La bonne volonté plaît tellement à Dieu qu'il ne peut habiter dans un cœur où elle ne se trouve pas. La bonne volonté attire dans l'âme où elle se trouve la majesté souveraine de la Sainte-Trinité : le fils l'éclaire dans la lumière de la vérité ; le Saint-Esprit l'enflamme de l'amour du souverain bien : et le père Eternel conserve en elle sa créature, de crainte qu'elle ne périsse. Lumière, Amour, Providence, voilà la Trinité.

Il semble d'après cette citation qu'il n'y a pas d'équivoque possible : pour saint Augustin, la volonté de l'homme est souveraine. Admirez maintenant le distinguo Janséniste aux deux passages notés.

Note 1. — « Nul n'est sauvé que parce qu'il l'a voulu véritablement ; *mais* comme il ne l'a voulu que parce que Dieu lui a fait la grâce de *lui faire vouloir*, quoique *toujours* librement, c'est véritablement la volonté de Dieu qui est le salut des élus. » Réponse : si Dieu *fait* vouloir il n'y a plus de liberté. Dieu ne nous *fait* pas vouloir le bien, il nous *sollicite* à le vouloir et nous en donne la force, vu que depuis le péché nous sommes enclins au mal.

2e Note. — « Mais comme notre volonté n'est bonne qu'autant que Dieu l'*a rendue* telle, avant de pouvoir par cette bonne volonté attirer Dieu sur nous, il faut que par la grâce *il nous attire à lui.* » Réponse : Dieu n'a *pas rendu* notre volonté telle, il *l'aide* à être telle.. De plus il nous donne *l'idée*, *l'inspiration* et le *moyen*. En cela Dieu est bien la cause première et souveraine, mais elle veut bien n'être que la cause occasionnelle et non efficiente. Il se contentera de borner la liberté dans l'exécution si elle lui paraît hostile, mais sans toucher à la volonté, à l'intention.

Autre argument Janséniste : « Ce que nous pouvons avoir de mérites ne sont que les effets de notre prédestination bien loin de pouvoir en être la cause ; celui qui prédestine à la fin, prédestine aux moyens qui seuls conduisent à la fin. » Réponse : En effet, pour faire une chose il faut en avoir les moyens, mais cela veut-il dire qu'on sera forcé de la faire. J'ai l'argent nécessaire pour acheter une maison, sans cet argent je ne pourrais le faire, mais il dépend uniquement de ma volonté de l'acheter.

Loin de regarder avec pitié ces controverses, il

faut trembler en voyant où la passion de l'indépendance et de l'irresponsabilité peut pousser l'homme vers les faux principes qui ont préparé les erreurs modernes.

Le plus fort argument pour la prédestination absolue est dans saint Paul aux Romains, VIII, 29.

« Par le Saint-Esprit Dieu répand la charité dans les cœurs de ceux qu'il a connus dans sa prescience, afin de les prédestiner ; qu'il a prédestinés afin de les appeler ; qu'il a appelés afin de les justifier, et qu'il a enfin justifiés afin de les glorifier. » Mais saint Augustin explique bien dans le chapitre V de l'Esprit et la lettre que la justice de l'homme est bien une opération de Dieu, mais qu'elle ne se fait point sans la volonté de l'homme. Ce qui n'empêche pas le Jansénisie de dire en note que c'est Dieu qui la fait vouloir au lieu de dire que Dieu l'inspire et la provoque.

Notre conscience proteste contre la prédestination inexorable qui serait la plus grande injustice du monde et contraire à la nature même de Dieu. C'est la folle du logis qui travaille ici en faveur des passions. Ces controverses peuvent paraître puériles à quelques-uns, cependant elles décident de la vie d'un peuple, elles ont empoisonné la France, elles ont précédé et préparé l'incrédulité dont nous mourons. Terrible raison, amoureuse de l'erreur !

Voici comment on peut comprendre la prescience divine et comment on peut l'accorder avec la liberté. Dieu lit *d'avance* notre destinée, résultat ultime de nos actes, comme nous lisons *après* la triste destinée de Bonaparte, conséquence de ses actes. Pour Bonaparte nous ne *pouvons modifier* le résultat ; pour chacun de nous, Dieu connaît d'avance la destinée, c'est vrai, mais sans *vouloir* intervenir souverainement dans le résultat ; il ne veut pas contraindre notre volonté. Dieu *lit* le *futur* comme nous lisons le *passé*.

Dieu a *prévu* que nous conformerions notre volonté à la sienne ou à celle du démon ; mais ici nous serons responsables parce que Dieu nous donne le conseil (conscience) et la force (la grâce) pour aller vers le bien. Voilà les moyens, mais la fin dépend de notre choix. Dieu étant le bien, n'a pu prédestiner qu'au salut. Si nous allons vers le mal, c'est donc par notre volonté. C'est aussi par notre volonté que nous restons dans le bien où Dieu nous *appelle*, nous *conduit* et *nous fortifie ;* nous n'avons qu'à avancer le pas : *ut in illis ambulemus*. Par prescience il connaît le résultat du combat, mais il ne l'influence à tous que par le *conseil* et pour notre bien. Il nous aide, car sans lui nous ne pourrions rien, mais il ne nous contraint pas.

Dieu établit d'abord dans sa sagesse notre place, notre destination dans la vie, c'est là la vraie prédestination, la vocation. Dans la destinée de l'homme, il ne faut jamais confondre celle de sa naissance et celle de sa mort. La première devrait conserver le nom de prédestination, la dernière devrait s'appeler post-destination. Est prédestinée de naissance l'âme qui est convertie, ou conçue dans une famille chrétienne, baptisée, élevée dans les principes catholiques, conduite à la réception de Jésus. Tout cela lui arrive par faveur, par choix, par prédestination. Pourquoi ? La justice de Dieu seule le sait ; probablement les mérites des ascendants y sont pour une part, ou les mérites personnels pour ceux qui sont convertis. Mais cela ne veut pas dire qu'on ira tout droit au ciel, quelque crime qu'on ait commis. Dieu sait, il est vrai, le résultat final de l'épreuve, sans quoi il ne serait pas omniscient, mais il ne l'impose pas.

Lamenais et Lacordaire ont eu une égale prédestination par l'éducation et les opinions. L'un se révolte contre l'autorité de l'Eglise, l'autre se soumet. L'un se perd par l'orgueil, l'autre se sauve par l'humilité. La *post-destination* fut le résultat de leur choix, de leur libre arbitre.

Les protestants avec Luther méconnaissent donc notre responsabilité et ce n'est pas le moindre motif de leur succès en engourdissant la conscience, en favorisant les passions et les jansénistes précurseurs des sophistes du siècle ont continué. Pourquoi ces querelles ont-elles passionné le XVIIIe siècle ? en voilà la raison.

Voilà tous les motifs qui plaident contre le devoir, qui propagent l'erreur et qui déchaînent la haine contre le catholicisme ; parce que le catholicisme déclare l'homme libre, responsable de ses actes et lui commande la vertu. Le vin généreux de ses pratiques et de ses sacrements est amer et ne plaît que par l'habitude. Le catholicisme tout en étant la plus belle expression des qualités divines est donc combattu chez tous les hommes par l'amour déicide de l'indépendance qui prend en dégoût le devoir, les commandements de Dieu et de l'Eglise, seule route vers la paix du cœur. Cet amour de l'indépendance nous porte :

1° A la confusion du bien et du mal ;

2° A l'irresponsabilité partielle sous prétexte d'entraînement passionnel ;

3° A l'irresponsabilité totale par la négation du libre arbitre, ayant comme sous-ordres :

4° La fatalité,

5° La prédestination.

C'est avec ces éléments que l'homme a construit tous ces sophismes philosophiques et toutes ces fausses religions pour dénaturer les révélations divines. Il faut encore tenir compte de deux causes qui tendent à fausser les notions divines.

6° D'abord, l'éternel désir du pouvoir temporel d'empiéter sur le pouvoir spirituel, de l'asservir, d'en faire un instrument de domination. Ce n'est pas l'inquisition romaine des papes qui a mérité la réprobation attachée à cette institution, c'est la politique cruelle des souverains. L'inquisition athée aujourd'hui ne torture pas les corps, mais elle supprime le pain aux catholiques, torture les consciences et corrompt l'âme des enfants. Elle a la prétention surtout d'empêcher d'élever la voix contre ses erreurs et ses méfaits. Aujourd'hui le pouvoir se déclare infaillible, ses arrêts seuls font autorité morale. Sous prétexte que par le suffrage universel il représente l'esprit de la collectivité, il faut que les citoyens qui peinent et qui paient supportent la tyrannie d'une minime majorité factice acquise par l'appât du budget et préparée par la corruption.

Jugez cette théorie par les résultats. Elle est mortelle quand un peuple sensuel est amoureux de la licence, de l'indépendance, ne connaît plus le devoir, quand il est flatté tous les jours dans la tendance au mal, cette tare originelle du cœur humain. Voilà ce que n'avaient pas prévu nos modernes théoriciens, élèves de Rousseau et de Diderot. Ils ont nié, méconnu la tendance au mal et leur théorie fausse dans les principes a abouti au joli résultat que vous voyez. Ils donnent raison au syllabus, ce sage et prophétique résumé de nos erreurs modernes.

Pour que le suffrage universel élise des représentants sages et vertueux, il faudrait mettre autant de soins à rendre le peuple sage et vertueux que l'on en met à le pervertir, à flatter ses mauvais instincts pour s'en faire aimer, pour avoir ses préférences. C'est donc un cercle vicieux. Vous n'avez qu'un moyen d'en sortir et vous n'en voulez pas, c'est de rentrer dans nos temples et de donner à nos prêtres la liberté de la parole, le plus sacré des droits d'un citoyen.

Tout chrétien est un vrai républicain, par cela même que son premier devoir est d'aimer son prochain, et nous n'avons pas à regretter le despotisme : car François Ier, Louis XIV et Napoléon Ier, pour ne citer que ceux-là, n'ont protégé l'Eglise que pour l'asservir. Nous ne demandons que la liberté, notre libre pensée à nous et vous nous la refusez. C'est vous déclarer incapables de soutenir le combat devant cette raison que vous aveuglez avant de la mettre sur nos autels.

Mais, me direz-vous, vous avez la liberté de la presse. Thème faux dans la pratique, ceux qui aiment à lire le mal n'aiment pas à lire ce qui les corrigerait en les désillusionnant. Quant au journal pour qu'il ait beaucoup d'abonnés, il faut qu'il flatte les passions de ses abonnés, aussi bien légitimistes que communistes et il est condamné à altérer la vérité. On peut appliquer l'adage, *timeo hominem unius libri*, je crains pour l'homme qui ne lit que son journal. D'ailleurs ceux qui pervertissent le plus le peuple seront ceux qui auront le plus de succès dans les masses. Toujours d'après l'idée mère de la tendance au mal. Combien y a-t-il de gens qui étudient de bonne foi les opinions de leurs adversaires, la réfutation des affirmations les plus mensongères, quand ces affirmations flattent nos opinions, nos passions, nos intérêts.

Quand vous aurez élevé les générations dans le culte du devoir et préservé leur raison des sophismes par de bons principes et une bonne dialectique, alors le peuple résistera mieux aux écarts de la mauvaise presse, vous pourrez peut-être lâcher la bride. Ce sera un beau jour pour la lutte des idées, mais qui le verra? Espérons cependant que le bon sens et la conscience native du peuple français, bon et sincère, se révolteront contre les théories néfastes du jour avant qu'il ne périsse dans la corruption : Lazare sors d'ici.

La nation est stupéfiée au point de reconnaître à trois cents politiciens soumis aux anti-christ le droit de fausser la conscience des enfants et de molester notre religion. Ils sont infaillibles mais le pape ne l'est pas.

Le bonheur d'un peuple ne peut être basé que sur la pratique du bien, c'est une question de morale et non de sensualité. En cela la Révolution a été néfaste ; et la science ne peut être utile au progrès qu'en prouvant la nécessité d'une Cause suprême. La Révolution devait s'arrêter à discuter honnêtement les désirs de la nation exposés aux états généraux. Cela pouvait se faire. L'esprit du mal s'y est opposé. On a renversé des gouvernements de valeur après une réaction inévitable. Louis-Philippe et ses fils, admirablement élevés pour honorer un trône ;

Napoléon III, après lequel on pouvait vivre, comme en Espagne, avec un conseil de Régence. La Lorraine nous restait et trois milliards en plus.

Il n'y a, dans notre siècle, qu'une question sociale nouvelle ; elle est créée par l'industrie moderne. C'est un accord à faire entre les ouvriers, les commis et les patrons. Dieu veuille qu'elle se fasse chrétiennement, avec une estime réciproque.

Tout ce que l'on fait pour le peuple : secours aux vieillards, retraites ouvrières, etc., est imposé par la peur de la révolte et non par amour pour les déshérités. Sans cela on ne s'acharnerait pas à détruire le catholicisme, dont, par le fait, on est obligé d'appliquer les principes. Ah ! si l'on pouvait revenir à l'antique esclavage, on ne serait pas obligé de ruser comme sous Julien l'Apostat.

Documents pour éclairer l'opinion. — Résumé d'un article du Correspondant *du 25 juin 1905. — Comment se fabrique l'opinion.*

La maçonnerie opère en association ouverte avec une certaine juiverie révolutionnaire et forme avec elle la raison sociale sous laquelle, à l'heure qu'il est, fonctionne le *trust* des idées, des goûts, des modes, des succès, des réputations et des agitations. Elles disposent ensemble du silence, du bruit et de la diversion. Elles ont envahi la presse, les publications périodiques, les journaux illustrés, l'enseignement depuis l'école élémentaire jusqu'à la polytechnique. C'est toujours le mensonge, le mirage et l'imposture systématique, le change donné méthodiquement. On altère l'histoire, la science des savants, on décrie l'écrivain qu'on n'enrégimente pas; on enfle la trompette en faveur de celui qu'on enrégimente ou qui marche dans le sens voulu sans qu'il s'en doute. Au théâtre, dans le roman, dans le journalisme on lance et on exalte ainsi de faux talents, de scandaleuses ou bouffonnes célébrités, prônées et acclamées à réclames que veux-tu, même dans les journaux les mieux pensants. Et on invente en même temps un faux Balzac, un faux Auguste Comte, un faux Renan, toujours soi-disant révolutionnaires. On a déjà vu l'application du précepte sur les naïfs : « *Amenez vos dupes au degré de cuisson voulu.* » On peut voir aussi l'application de celui-ci : « *S'il surgit quelque homme de mérite, faites croire qu'il est des nôtres.* »

Le crime d'Orsini qui poussa Napoléon III à faire l'unité de l'Italie est une conséquence du fameux principe des nationalités qui prépara aussi l'unité de l'Allemagne. C'est bien la pensée maçonnique de détruire les petites nations qu'il est plus difficile d'entamer, d'amener aux idées révolutionnaires. Pour faire l'unité totale on prêche aujourd'hui l'anti-patriotisme et on pactise avec le socialisme qui unifie toute la vie, toute pulsation du cœur dans l'Etat anonyme. Rousseau est le premier qui, inconsciemment, a permis d'en donner l'élan. (*Emile*, livre I.)

« Pour faire un citoyen il faut *annihiler l'homme naturel;* l'homme civil n'est qu'une unité fractionnaire qui tient au dénominateur et dont la valeur est dans son rapport avec l'unité qui en est le corps social. Les bonnes institutions sociales sont celles qui savent le mieux *dénaturer* l'homme, lui ôter son existence absolue, pour lui en donner une relative, et transporter le *moi* dans l'unité commune; en sorte que chaque particulier ne se croit plus un, mais partie de l'unité, et ne soit plus sensible que dans le tout.

« Exemple : une femme de Sparte avait cinq fils à l'armée, ils sont tués, peu lui importe, car l'armée est victorieuse; et elle court au temple rendre grâces aux dieux. Voilà la citoyenne.

« Celui qui, dans l'ordre civil veut conserver la *primauté des sentiments de la nature* ne sait ce qu'il veut. » (Mais il y avait lieu de croire que nous revenions à l'état de nature). « Ce sera un de ces hommes de nos jours, un Français, un Anglais, un bourgeois : ce ne sera rien. »

« *Revenir à l'état de nature,* tous égaux et libres, plus d'autre souveraineté que le peuple. » (Est-ce assez alléchant). « Mais la souveraineté ne pouvant se faire directement par chaque citoyen, il faut la concentrer dans l'Etat. » (Voici le revers de la médaille; le sophisme qui montre combien nous sommes loin du début du contrat social: « L'homme est né libre et partout il est dans les fers. » Ah! oui;

nous y sommes). « Car pour instituer un peuple il faut ôter à l'homme ses forces propres pour lui en donner dont il ne puisse faire usage sans secours d'autrui. » (Et c'est ce qu'on appelle la liberté). « Plus ses forces *naturelles seront mortes* (encore), anéanties, plus l'institution est solide et parfaite ; en sorte que si chaque citoyen n'est rien, ne peut rien, on peut dire que la législation est au plus haut point de perfection qu'elle peut atteindre. » C'est le code de la tyrannie.

Ecoutez les disciples du jour, les Marxiens :

« Le corps social est un agrégat de molécules humaines, dont un appareil régulateur dirige le mouvement : cet appareil est le pouvoir central. »

(C'est là qu'est l'énergie du monde dans sa force ; là sont les surhommes. Molécules rentrés dans la poussière. Savants matérialistes convaincus, vous doutiez-vous des conséquences pratiques de votre trop fameuse devise : l'énergie cause du monde.)

Théorie socialiste de Marx et Engels
tirée du Correspondant *du 10 mai 1906*
Manifeste du parti communiste

« 1° Expropriation de la propriété foncière et confiscation de la rente foncière au profit de l'Etat;

2° Impôt fortement progressif ;

3° Abolition de l'héritage ;

4° Confiscation de la propriété de tous les émigrants et de tous les rebelles ;

5° Centralisation du crédit dans les mains de l'Etat au moyen d'une banque nationale avec capital de l'Etat et avec le monopole exclusif ;

6° Centralisation dans les mains de l'Etat de tous les moyens de transport ;

7° Augmentation des manufactures nationales et des instruments de production, défrichement des terrains incultes et amélioration des terres cultivées d'après un système général ; *rêves !*

8° Travail obligatoire pour tous, organisation d'armées industrielles, particulièrement pour l'agriculture. »

A côté de ces utopies alléchantes pour le prolétaire, on trouve le gouffre de la dictature et au fond l'Etat anonyme ; le fourmi-lion qui se tient au fond de son entonnoir de sable pour dévorer le peuple fourmi qui s'y aventure.

Pour faire du serf une molécule sociale il faut le livrer à la débauche, au culte des sens et le détacher de tout attachement familial : l'union libre, les enfants aux nurseries nationales ; ou tout au moins égale part dans les héritages aux bâtards et aux enfants adultérins, c'est ce que l'on propose.

On encourage, en attendant, le féminisme, on donne aux femmes une bonne part dans les emplois, ce qui éloigne de la vie de famille. Le féminisme amène à l'horreur des liens du mariage, les hommes à leur tour ne voudront plus de la responsabilité de ces charmants et coûteux égoïsmes. D'où d'un commun accord l'union libre, en évitant savamment le mioche qui pleure et déforme la taille.

Voilà les moyens employés pour faire d'une France chevaleresque une mare à grenouilles sous le régime des rapaces. C'est le retour à la barbarie. Nous reviendrons aux derniers jours du Directoire où la misère du peuple était générale et l'Etat luxuriant de pléthore. Il n'y avait plus d'argent pour entretenir les routes, les écoles, en un mot les dépenses générales. Plus de religion pour consoler ; l'enfer, mais cette fois-ci sans espérance. Car Dieu envoie une première fois le malheur pour se repentir. La seconde fois c'est le châtiment et la ruine définitive, l'histoire est là. La république, bonne en soi, a toujours eu une pierre d'achoppement ; c'est que les méchants en profitent pour se coaliser afin d'asservir le peuple. Déjà, il y a deux mille cinq cents ans, le fait était constaté par Hérodote, dans une discussion très curieuse qu'il vaut la peine de lire, entre Darius et les autres conjurés, sur le meilleur gouvernement à établir, entre la monarchie, l'oligarchie et la république. Il n'y a rien de nouveau sous le soleil.

Y a-t-il moyen de revenir en arrière. C'est bien difficile ; mais si la révolution continue à ne chercher ses moyens que dans le suffrage universel, on a trois pleines années pour s'y préparer, en réveillant le peuple par des tracts hebdomadaires, personnellement adressés à chacun des électeurs qui sont quotidiennement empoisonnés par la presse sectaire. C'est le moyen employé pour les spécialités pharmaceutiques et les grandes industries ; c'est cher mais ça rapporte.

Il faut secouer la servitude volontaire et payer de sa personne, sans quoi c'est la culbute.

Dégustez cette citation toute de circonstance tirée de La Boëtie, où il constate comment un gouverneur, cruel et insolent, trouvait moyen de maintenir sous le joug la population bordelaise.

« La première raison pourquoi les hommes servent volontiers, est qu'ils nayssent serfs et sont nourris tels. De celle-cy en vient une aultre, que aysement les gents deviennent soubs les tyrans larches et effeminez. Les gents subiects n'ont point d'alaigresse au combat, ni d'apreté.

« Les tyrans ont grand soin d'effeminer leurs hommes et en cela ils flattent la tendance du menu populaire, dequel le nombre est toujours plus grand dans les villes, il est soupçonneux à l'endroit de celuy qui l'ayme, et simple envers celuy qui le trompe. Ne pensez pas qu'il y ait nul oiseau qui se prenne mieux à la pipée, ni poisson aucun qui pour la friandise s'accroche plus tôt dans le haim, que tous les peuples s'alleichent vistement à la servitude pour la moindre plume qu'on leur passe, comme on dict, devant la bouche et est chose merveilleuse qu'ils se laissent aller ainsi tost, mais seulement qu'on les chatouille. Les théâtres, les jeux, les farces, les spectacles, les médailles, les tableaux et autres telles drogueries, étaient aux peuples anciens les appâts de la servitude. Ainsi les peuples assottis trouvent beaux ces passe-temps et, amusés d'un vain plaisir, s'accoutument à servir niaisement. Les tyrans ont toujours si bon marché de tromper le peuple qu'ils ne l'assujettissent jamais tant que lorsqu'ils s'en mcquent le plus...

« Ces six (les ministres de l'Etat) ont six cents qui profitent sous eux. Ces six cents tiennent sous eux six milles qu'ils ont élevés en état, auxquels ils ont fait donner ou le gouvernement des provinces, ou le maniement des deniers, afin qu'ils tiennent la main à leur avarice et cruauté, et qu'ils l'exécutent quand il sera temps et facent tant de mal d'ailleurs, qu'ils ne puissent durer que sous leur ombre, ni s'exempter que par leur moyen des loix et de la peine. Grande est la suite qui vient après de cela. Et qui voudra s'amuser à dévider ce filet, il verra que, non pas les six mille, mais les cent mille, les millions, par cette chorde, se tiennent au tyran, s'aydant d'icelle ; comme en Homère, Jupiter qui se vante s'il tire la chaisne, d'amener vers soi tous les Dieux. De là, venait l'augmentation du nombre des sénateurs sous Jules, l'établissement de nouveaux états, élections d'offices, non pour le bien général mais nouveaux soutiens de la tyrannie. En somme on en vient là par les faveurs, par les gains ou regains que l'on a avec le tyran, qu'il se trouve quasi autant de gens auxquels la tyrannie semble profitable, comme de ceux à qui la liberté serait agréable (joignez à ceux-là les parents et alliés et voyez ce qui reste d'indépendants).

« Pour les mauvais, toute la lie du royaume, je ne dis pas un tas de larronneaux et d'essaurillez, qui ne peuvent faire guère ni mal ni bien en une république, mais ceux qui sont taxez d'une ardente ambition et d'une notable avarice, s'amassent autour du tyran et le soutiennent pour avoir part au butin et être sous le grand tyran, tyranneaux eux-mêmes. Ainsi le tyran aurait les sujets, les uns par le moyen des autres. »

Documents tirés de l'ouvrage sur G. Moreno, par le P. Berthé; édité à Paris chez Retaux-Bray, rue Bonaparte, 82.

Lettre de Garcia Moreno, Président de la République de l'Equateur, au Pape quelques jours avant sa mort, pour lui annoncer sa réélection à la Présidence.

« J'implore votre bénédiction, Très Saint Père, ayant été, sans mérite de ma part, réélu pour gouverner pendant six ans encore cette république catholique. La nouvelle période présidentielle ne commence que le 30 août (1874) ; date à laquelle je dois prêter le serment constitutionnel, et c'est alors seulement qu'il serait de mon devoir d'en donner officiellement connaissance à Votre Sainteté ; mais j'ai voulu le faire aujourd'hui afin d'obtenir du Ciel la force et la lumière dont j'ai besoin plus que tout autre pour rester à jamais le fils dévoué de notre Rédempteur, le serviteur loyal et obéissant de son vicaire infaillible.

« Aujourd'hui que les loges des pays voisins excités par l'Allemagne (les loges) vomissent contre moi toutes sortes d'injures atroces et d'horribles calomnies, se procurant en secret les moyens de m'assassiner, j'ai plus que jamais besoin de la protection divine, afin de vivre et de mourir pour la défense de notre sainte religion et de cette chère république que Dieu m'appelle à gouverner encore. Quel plus grand bonheur peut m'arriver, Très Saint Père, que de me voir détesté et calomnié pour l'amour de notre divin Rédempteur? Mais quel bonheur plus grand encore, si votre bénédiction m'obtenait du Ciel la grâce de verser mon sang pour celui qui, étant Dieu, a voulu verser le sien pour nous sur la Croix. »

L'Equateur, troublé jusqu'à l'avènement de G. Moreno à la Présidence, jouissait depuis six ans de la paix et du bonheur le plus parfait, lorsque la franc-maçonnerie décida d'en finir avec son implacable ennemi. G. Moreno fut condamné à mort par le grand conseil de l'ordre maçonnique. « On m'avertit d'Allemagne, écrivait en 1873 le Président, que les loges de ce pays ont ordonné à celles de l'Amérique de remuer ciel et terre pour renverser le gouvernement de l'Equateur ; mais si Dieu nous protège et nous couvre de sa miséricorde, qu'avons-nous à craindre. »

La conjuration formée, tous les journaux de la secte, en Europe comme en Amérique, s'unirent pour déshonorer la victime et préparer le monde à le voir tomber sans trop de surprise ; ainsi firent-ils pour Louis XVI ; une inondation de pamphlets fondait sur l'Equateur comme une provocation incessante à l'assassinat. Les journaux du Pérou annoncèrent au mois d'octobre 1873 que le crime était consommé.

Il le fut le 6 août 1874 par des sectaires. Rayo, le plus forcené de ces assassins, s'écriait : « Meurs, bourreau de la liberté. » — « Dios no muere », répondit Garcia et il expira. Tous les meurtriers furent fort étonnés de voir la malédiction populaire se déchaîner contre eux. Rayo, blessé à la jambe par une balle destinée au Président, vit trop tard que personne ne voulait de la révolution radicale ; cerné par la foule, un soldat l'étendit mort ; les autres furent jugés et exécutés, le Vice-Président prenant régulièrement le pouvoir. Des chèques, sur la banque du Pérou, trouvés dans les vêtements des assassins prouvèrent à tous que la vénérable et vertueuse maçonnerie pratique l'assassinat et trouve bons tous les moyens pour supprimer les obstacles. Qui fera l'historique des assassinats et des empoisonnements célèbres de notre époque ? Elle enveloppe le monde tout entier de ses sociétés secrètes, jusqu'aux îles Philippines où elle apporta le trouble dans le pays le plus heureux du monde suivant l'aveu d'Elisée Reclus. Les missionnaires avaient fait d'admirables chrétiens de ces peuples cruels et anthropophages. Elle débute par une fausse philanthropie qui trompe les crédules, appelés à n'être jamais que des instruments aveugles. Par les juifs, les ennemis mortels du Christ, ils ont l'argent et ils convergent ensemble vers le but de supprimer le catholicisme pour dominer les peuples par la ruse à l'aide du relâchement des mœurs et de l'incrédulité.

Le catholicisme les gêne et ils font croire aux masses qu'il est incompatible avec leur bonheur, qu'il désire la tyrannie ; quand ils le voient cependant si sage si humain dans les républiques des Etats-Unis, de la Suisse, du Mexique ; partout où règne le gouvernement populaire comme en Belgique. Mais ses principes sont opposés à la corruption et les sectes en vivent. Là où elles règnent il ne reste plus que des cadavres.

Le Clergé

7e La dernière cause qui tend à fausser les notions

divines, ce sont les ministres du culte eux-mêmes qui les produisent, en s'éloignant de leur mission par amour des biens temporels. Ils peuvent s'abîmer eux-mêmes dans l'incrédulité, car le libre arbitre exige que lorsque le désir se détourne de Dieu la raison vacille et tombe dans l'erreur. Les hérésies, les schismes n'ont pas eu d'autres causes. Le clergé peut tomber au niveau de dégradation des prêtres grecs, ceux-ci tendront plutôt vers le relâchement du protestantisme qu'ils ne remonteront au catholicisme. Rappelez-vous la honte que subirent nos prêtres assermentés ; constatez la soumission absolue du clergé protestant, en Angleterre et en Allemagne devant le pouvoir qui les traite en humbles fonctionnaires et que la société apprécie médiocrement. En ce moment les protestants font en France cause commune avec les ennemis du Christ.

Voici l'opinion de Lacordaire dans ses conférences de Toulouse, elle est menaçante : « Voudrait-on qu'une Eglise particulière ne souffrît rien d'une situation faussée qui lui est faite persévéramment ? Il ne peut en être ainsi. Les chrétiens sont sous la loi de la liberté et sous la loi logique qui lie les principes à leurs conséquences. Tout pays où n'existent pas des institutions sérieuses, où la dignité humaine est sur la pente de la servitude et de la corruption, *n'aura jamais l'Église pure, intacte, dévouée. Bien heureux même si elle conserve la foi.* »

Depuis la Révolution en France, il n'y a pas un pouvoir qui n'ait fait tout son possible pour asservir le clergé. On l'a salarié comme un cantonnier et réduit à un traitement dérisoire ; on lui retire même son pain sec s'il élève la voix pour avertir son troupeau du danger que lui fait courir l'Etat dans ses erreurs sur les lois divines. Le prêtre est au-dessous du malfaiteur qui peut se défendre quand on l'accuse, c'est un paria, la bête noire. Et j'entends d'ici des baptisés qui applaudissent, des pères de famille qui ont la prétention d'avoir une femme et des enfants chrétiens ; mais Dieu les maudira eux et leur postérité ; et cette malédiction malheureusement s'étendra à son tour sur tout un peuple solidaire. L'histoire du passé fait frémir pour l'avenir.

Les catholiques français, trop légers pour aimer la vraie science et étudier leur religion, se sont laissé syphiliser par la philosophie prétendue positive et scientifique et par un renégat qui leur a servi les défroques du vieux Strauss, démodé depuis longtemps dans son pays d'origine. Ils sont chrétiens, mais ils n'aiment pas le Christ et ils applaudissent dans leur cœur et par leur vote les ennemis mortels de leur foyer et de leurs aïeux. Ils trouvent bon que les ministres de Dieu aient des entraves aux pieds, les mains liées et un bâillon à la bouche. Tout religieux qui n'est pas dans cette geôle doit être expulsé, ils sont excommuniés par la secte de l'Antéchrist. Eux seuls n'auront plus le droit de vivre sur le sol natal. On les dépouillera, on les volera impunément dans ce siècle où tant de voleurs et d'usuriers israélites tiennent la France en coupe réglée et où l'on prostitue sur tous les murs le nom sacré de la liberté.

Vous constatez les services que nos missionnaires rendent à la France en pays étranger et vous les chassez tous sans formuler d'autre argument contre eux que votre fanatisme sectaire et votre bon plaisir. Ces religieux sont cependant indispensables pour la lutte de notre foi contre les arguments de l'athéisme. Cette lutte ne peut se soutenir que par des études profondes dans le silence du cloître. C'est de là que sortent les grands lutteurs, les prédicateurs armés. Le travail quotidien de la paroisse n'en laisse pas le temps au clergé séculier. Jamais le Père Lacordaire, curé de Saint-Roch ou de la Madeleine, n'aurait eu le temps et le recueillement pour faire son irréfutable *Apologie Chrétienne*. Nos prédicateurs les plus autorisés sont des moines et c'est pour cela que ne pouvant les réfuter, vous les chassez. Aussi c'est contre eux que s'acharnent Satan et ses adeptes ; il n'y a qu'un autre ordre de religieux encore plus détesté, ce sont ceux qui instruisent la jeunesse, l'âme de la France dans l'avenir. Continuez, aimables chrétiens, premiers romanciers du monde, tendez vous-mêmes le cou au licou ; car c'est là où vous aboutirez. L'indépendance envers Dieu vous amène à la servitude, mais tout vaut mieux que le devoir et l'obéissance : vivent les droits de l'homme !

Pour avoir l'indépendance des passions on accepte un pouvoir irresponsable, armé d'un code formidable où sont accumulées toutes les lois liberticides promulguées depuis Louis XIV et Napoléon Ier jusqu'à ce jour. La Révolution et ses filles n'en ont abrogé aucune, toutes les ont aggravées. La liberté est en tête de toutes leurs constitutions, mais toujours pour le lendemain ; comme l'enseigne du barbier, ici on rase en payant et demain pour rien.

C'est vraiment un miracle que notre clergé résiste à tant d'éléments de dissolution et que presque l'unanimité de nos évêques, triés cependant sur le volet, ait protesté contre l'expulsion de la grande armée du Christ, dont ils ne sont que les gardes nationaux.

Dieu peut nous punir en permettant que ce clergé, encore le premier du monde, perde sa dignité ; qu'un pape sans sainteté monte sur le trône pontifical. Ces temps ont existé, la religion n'a pas péri. Les successeurs de Pierre ont pu s'égarer dans leurs mœurs, mais leur doctrine n'a jamais failli. Jusqu'ici la foi chancelante a conduit à l'hérésie, mais aujourd'hui les nations sans Dieu sont punies par le massacre et l'anarchie.

Nous sommes si légers que la leçon infligée par Dieu à toute une génération depuis 1792 jusqu'en 1815, *vingt-trois ans !* est oubliée. Le XVIIIe siècle pour la première fois depuis les annales du monde vit une nation se railler de la divinité, la chasser de ses temples et la remplacer par la raison déifiée, sous la forme bien symbolique d'une prostituée ; oubliant sans doute que la raison a deux faces, la vérité avec la pureté, l'erreur avec la corruption. Dieu s'est vengé comme il se venge en laissant l'erreur à ses conséquences. Toute cette génération a ressenti la misère, la famine, le froid, la terreur; on lui a pris tout son or, jusqu'à sa monnaie de cuivre, son argenterie, ses cloches, ses calices et ses châsses précieuses. On a vendu à vil prix châteaux et monastères. Tout citoyen valide a eu le cauchemar de la mort et le plus grand nombre l'ont subie sur l'échafaud ou dans les champs de bataille, portant la désolation, la corruption des mœurs et le pillage chez ces nations et ces rois qui avaient applaudi Voltaire et l'encyclopédie. Pour la première fois on vit une presse sans frein déchaîner toutes les passions jusqu'au délire, propageant comme un incendie l'erreur et la calomnie, la haine et la fureur.

Après ça nous nous sommes couronnés de gloire et nous avons propagé les immortels principes ; comme si l'Angleterre et les Etats-Unis ne nous avaient pas précédé dans le vrai progrès social. Louis XVI et sa noblesse l'acceptaient avec un désintéressement que l'histoire est obligée d'enregistrer : un siècle de philanthropie l'y avait préparée. Mais cela ne faisait pas l'affaire des sophistes, des politiciens et des termites, les francs-maçons, qui firent passer Louis XVI sous la voûte d'acier pour mieux le trahir, qui depuis n'ont laissé reposer le peuple sous aucun régime, et qui rongent aujourd'hui la France à ciel ouvert.

Depuis que ces pages ont été écrites, le crime est consommé. La guerre contre les catholiques est déclarée; des millions de Français, blessés dans tout ce qu'ils respectent, dans leurs plus profondes affections sont moralement et pécuniairement exclus de la nation. Tout ce qu'ils ont donné pour le culte, reconstitué seulement depuis cent ans, soit par eux, soit par leurs pères et grand-pères dans les églises toutes nues : vases et ornements sacrés, lustres, tableaux, orgues trésors d'orfèvrerie accumulés dans les fabriques, celui de Conches à lui seul, mis aux enchères atteindrait plus d'un million, fondations de messes, rentes pour élever chrétiennement les enfants, pour secourir les pauvres, caisses de retraite et maisons de refuge fondées pour les vieux prêtres indigents, menses épiscopales, établissements pour grands et petits séminaires et leurs campagnes acquises récemment, rentes créées pour l'entretien des séminaristes et le traitement des professeurs, le milliard ici est plus grand que celui des ordres religieux, tout, tout est sous séquestre et sera sournoisement pillé et dévoré sans profit pour le *pauvre peuple*, comme le sont actuellement les biens des congrégations.

Hypocritement on pousse les catholiques à abandonner les églises, espérant les étouffer dans le culte privé, puisqu'ils ne veulent pas se laisser étrangler dans le culte public.

Gloire au clergé français qui préfère à l'apostasie la misère et la persécution. Quant au bourgeois sceptique qu'il attende notre tour et le peuple athée, le réveil dans le sang et les chaînes de la servitude.

Et vous ne croirez pas à l'Esprit du mal, à Satan, adoré par la secte de l'Antéchrist. Ceci prouve bien qu'il existe, car aucun homme de sang-froid ne commettrait de pareils dénis de justice, ne couverait une pareille haine contre des hommes de bien, s'il n'avait le cœur fermé par l'erreur et la raison par le sophisme, s'il n'était envoûté par le père du mensonge. En méconnaissant Jésus, le monde a méconnu l'amour et la miséricorde ; il s'en va vers les convoitises insatiables avec la haine au cœur, après avoir renié le maître souverain. Si les jeunes générations se laissent gangrener par les anti-christ et les juifs, ceux-ci pourront dominer le monde par l'argent et la prophétie messianique, telle qu'ils l'ont désirée, se réalisera. La lumière apportée par le Christ sera éteinte : le monde n'aura plus de raison d'être. « L'Évangile aura été prêché dans toute la terre pour servir de témoignage à toutes les nations et c'est alors que la fin arrivera », a dit Jésus (Mathieu XXIV, 14). Mais ce ne sera pas sans être précédée de malheurs effroyables prédits dans ce même chapitre.

Les juifs alors comprendront-ils leur erreur ? La prophétie de David et l'oracle de la sibylle se réaliseront-ils ? Celui qui donne le mouvement à la matière peut bien dire à notre petite planète : « Arrête trente secondes et reprends ta course. » Ce brusque arrêt sera suffisant pour incendier la terre et la rajeunir pour de nouvelles destinées.

Le problème de la vie est celui-ci

L'homme dans la série des animaux a une place unique. Il est le seul à ne pas jouir des avantages de l'instinct qui permet à l'animal de suivre sa destinée, sans se préoccuper du but et des moyens : il a le pouvoir d'abuser des dons naturels et même d'agir contre les tendances naturelles, de les dépraver.

Aux accidents inévitables de toute vie, il joint les peines morales qui sont plus fréquentes, plus prolongées, plus intenses que les souffrances physiques. Ceci, joint à la nécessité que n'a pas l'animal de s'ingénier constamment à satisfaire des besoins sans nombre qui dépassent de beaucoup ceux imposés par la nature, rend l'homme inférieur à l'animal et beaucoup plus sujet au malheur. On peut dire que la vie se passe à lutter contre le malheur résultant des nécessités de la vie, des tendances contre nature, de l'abus, des passions. Le plus grand souci de l'homme est d'équilibrer la vie de manière à arriver au minimum possible de souffrance, et il n'y arrive pas. Il a le désir du bonheur qu'il cherche pendant toute son existence, qu'il rencontre rarement accidentellement et qui le fuit dans sa plénitude jusqu'au terme de sa vie : *ecce homo*.

La cause intelligente du monde, prévoyante et providentielle de tous les êtres, qui les maintient et en conserve la race, a fait en l'homme une œuvre énigmatique, qui soulève un problème redoutable pour chacun de nous : à savoir, quel fut le projet de ce Dieu, impeccable cependant aux yeux de la science, en créant l'homme si différent de toutes ses autres créations.

L'homme est un être incomplet et souffrant. Il ne jouit pas des avantages de l'instinct, qui fait l'animal parfait pour le but auquel il est destiné et dont les peines sont courtes et peu nombreuses.

Examinons maintenant les avantages incommensurables qu'attribuent à l'homme le don de la raison et de l'intelligence. La raison est la faculté de voir au delà des phénomènes sensibles, d'en pénétrer les causes. L'intelligence est l'art d'utiliser ces connaissances, l'invention. Par cette dernière l'homme, du faible instinctif, devient le maître de la terre. Par la première il pénètre progressivement tous les secrets de la nature ; et, aujourd'hui, d'échelons en échelons il est remonté à la Cause première du monde; cause unique, directrice, prévoyante et providentielle, invisible, incommunicable; qui est partout à la fois et dans chaque atome par son énergie; que nous sentons instinctivement, au fond de notre être, dans la conscience, souveraine maîtresse de notre destinée.

Rompant encore avec l'instinct, cette Cause a mis en nous, dans cette conscience intime, la conviction que nous avons le pouvoir de faire des actes réputés mauvais, des actes considérés comme bons. Ces actes étant accompagnés de remords ou de contentement. Par ces deux tendances l'homme connaît la méchanceté, la haine, l'égoïsme; la bonté, l'amour, la miséricorde. Ces tendances sont opposées et ne peuvent résulter de la même cause: les bonnes viennent de Dieu qui en est l'archétype et les autres d'un second principe qui n'est pas prépondérant; car il n'altère pas le plan général du monde; il est donc subordonné à la cause du monde au principe harmonique du bien.

Pourquoi alors celui-ci permet-il l'action du mauvais, et sur la volonté de l'homme seul d'entre les animaux: l'instinct ne subit qu'une sorte d'impulsion. Dieu a donc voulu provoquer un combat dans la conscience de l'homme. Cela est si vrai que toute la destinée de la vie s'y rapporte; la satisfaction des écarts des sens et des mauvaises passions étant suivie de maladie, de tristesse et de dégoût, et l'accomplissement du devoir donnant la paix de l'âme.

Les grands philosophes, les grands moralistes, de tous les temps, de tous les pays l'ont constaté. C'est donc un fait d'observation, une vérité de science psychique. L'homme de bien aurait sa vie remplie si avec la paix il avait aussi le bonheur proportionné à ses désirs, à l'idée que le créateur en a mis dans son cœur insatiable. Si d'autre part le malfaiteur ne trouvait pas souvent des satisfactions imméritées ; si la punition des forfaits satisfaisait les sentiments de justice mis dans notre âme.

La raison de l'homme conclut donc à ce que la sanction du bien et du mal n'existe pas dans ce monde : qu'un bonheur plus grand que nature peut exister : et cela est voulu par un Dieu source de tout bien qui ne peut vouloir fausser sa justice et capable de satisfaire le sentiment du bonheur au delà des limites des félicités de ce monde. Pour que Dieu réponde à l'idée de justice qu'il a mise en nous, étant donné le défaut d'équilibre qui existe seulement entre nos facultés sur cette terre, il faut que la personnalité subsiste pour faire l'équation de l'homme. Sinon, Dieu a manqué son œuvre ; il est injuste et il y a en nous un sentiment de justice qu'il n'aurait donc pas pu y mettre puisqu'il ne le posséderait pas, ce qui est absurde. Il est le seul, et nul n'est au delà ni au-dessus de lui, la science le prouve. L'homme n'a donc qu'à suivre des sentiments qui sont de sublimes instincts et qui aboutissent à la recherche du bien absolu. Alors la justice divine exige que, après avoir accompli le bien, notre désir soit couronné par un bonheur égal à l'idée qui nous en a été donnée, immense, éternel. D'autre part la soif de connaissance excitée par la science ne peut être assouvie que par la vue de la Cause première du monde; soif qui est bien caractérisée par l'intuition de la prière. Notre âme aspire à connaître Dieu. Mais Dieu voulant le combat de la conscience pour couronner le mérite ne pouvait s'imposer: de là la nécessité pour lui de se tenir dans l'ombre tout en dévoilant sa volonté dans la conscience. Cependant pour la fortifier, poussé par le désir de réussir à gagner des âmes à la participation de son bonheur, la tradition assure qu'il a ajouté un témoignage sensible de ses volontés, qu'il en a fait la révélation.

Parmi les égarements sans nombre qu'a subis la parole divine, il est une tradition lumineuse qui éclaire nos origines, puis les commandements divins confiés à un peuple choisi, contemporain des premières civilisations et dont la tradition s'est perpétuée jusqu'à nos jours, sans interruption, sans interpolation, couronnée par la vie exemplaire de l'Homme-Dieu. Puis, par lui, l'homme se trouve en face d'une institution dernière, l'Eglise, qui résume tous les dons de Dieu, incomparable, inimitable, remède souverain à tous les maux. Elle redresse l'homme, le fortifie, peut faire de lui le juste par excellence, un saint et il en existe. J'ai eu le bonheur d'en trouver sur mon chemin. Ils ont la paix, la joie souvent, le calme dans la douleur, l'espérance et la foi en la justice divine pour atteindre le bonheur rêvé, le bonheur sans nuage dans la clarté divine.

ÉPILOGUE

L'homme s'agite, mais Dieu le mène à une fin surnaturelle. La science aujourd'hui le fait pressentir.

En effet, l'auteur croit avoir prouvé que la matière fatale est réfractaire à l'action ; qu'elle n'a qu'une tendance : l'immobilité. Loin d'avoir produit l'énergie de la nature, elle la chasse à tout instant, de tout son pouvoir ; heureusement une volonté supérieure lui inflige des lois qui la contraignent à faire œuvre utile en se dépensant.

Comme le potier modèle la matière et lui donne la stabilité par le feu, de même le maître unique de la nature la modèle et la fixe par l'énergie : puis, manifestant une intelligence infinie, il crée et perpétue les êtres vivants contre la tendance de la matière à la destruction, au repos.

En nous conviant à ce magnifique spectacle qui nous le fait connaître dans ses œuvres, Dieu nous prépare certainement à le contempler dans sa gloire. C'est pour cette fin qu'il nous ouvre les portes de la mort.

BIBLIOTHÈQUE NATIONALE R.F. IMPRIMÉS

TABLE DES MATIÈRES

LIVRE I. — La Science actuelle mène à Dieu

Première Partie. — *Notions scientifiques qui conduisent à l'unité d'une cause supra-naturelle*

LIVRE II. — Les Anti-Christ

BIBLIOTHÈQUE NATIONALE R.F. IMPRIMÉS

Imp. Bonvalot-Jouve, 15, rue Racine, Paris.
19...

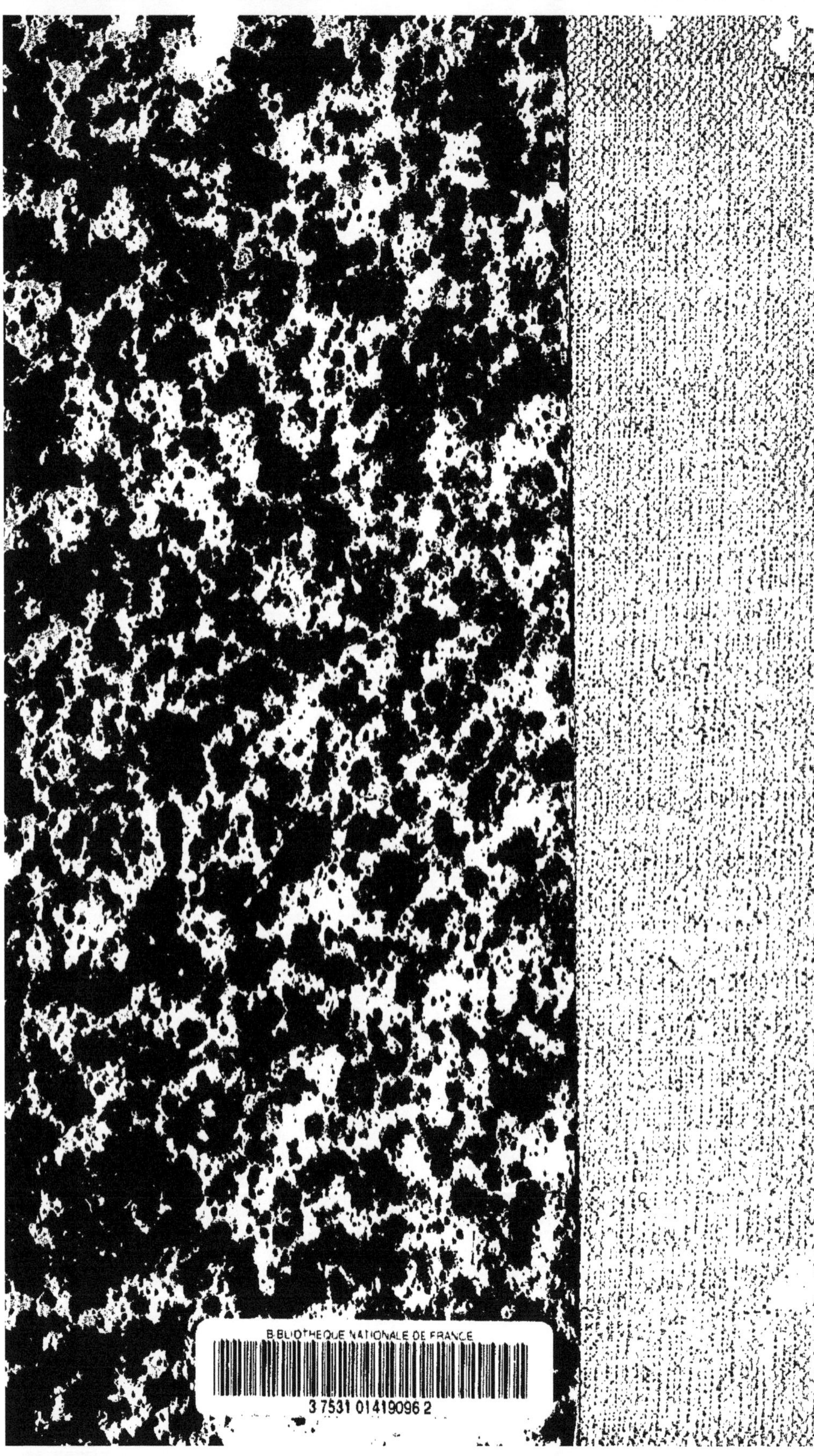
BIBLIOTHEQUE NATIONALE DE FRANCE
3 7531 01419096 2

www.ingramcontent.com/pod-product-compliance
Ingram Content Group UK Ltd.
Pitfield, Milton Keynes, MK11 3LW, UK
UKHW020604230726
13926UKWH00005B/2195